Robert Borsch-Laaks

Peter Stenhorst

Das Solarzellen Bastelbuch

Sonnenstrom für
Spielzeuge, Modellbau und Akku-Ladegeräte

öko**buch** Verlag &
Versand
GmbH
Freiburg

Redaktion: P. Stenhorst

Umschlagentwurf, Graphik und Layout: Winnie Drope

Photos: Erhard Wiers-Kaiser, Heike Möller, Winnie Drope

Satz: K & W Artservice GmbH, Hannover

Druck: Offizin GmbH Hannover

2. Auflage 1986

Gemeinschaftsausgabe der
Sanfte Energie Verlag GmbH, Springe und des
Ökobuch Verlag GmbH, Freiburg

Auslieferung: Ökobuch Verlag, Postfach 53 80, 7800 Freiburg

ISBN 3-922964-29-X

Inhaltsverzeichnis

Seite

Vorwort 7
1. Kapitel: Eigenschaften und Handhabung von Solarzellen 9
Aufbau einer Solarzelle 9
Spannung, Stromstärke 10
Leistung 11
Anpassung Solarzelle-Verbraucher 12
Ausrichtung nach dem Sonnenstand 13
Temperaturabhängigkeit 14
Solarzellen für Bastelzwecke 15
Gängige Typen von Solarzellen 16
Reihenschaltung 17
Parallelschaltung 18
Löten von Solarzellen 19
Montage 21
Befestigung 22
Zerbrochene Solarzellen 24
Ausmessen von Solarzellen 24

2. Kapitel: Am Anfang war das Licht.. und der Sonnenmotor 27
Sonnenventilator-Solar Fan 27
Bauanleitung für einen Sonnenmotor 28
Hier dreht sich der Stromerzeuger mit 30

3. Kapitel: geeignete Motore für Solarbetrieb 31
Betriebsspannung 31
Anlaufstrom 32
Kraft und Drezahl 33
Woher bekommt man die Motoren 33
Mobiles und Tönendes 34

4. Kapitel: Prädikat besonders wertvoll – Solarmobiles aus Silberdraht 35
Bauanleitung Solarradler 36
Bauanleitung Schmetterling 40
Allerlei Solarmobiles 41

5. Kapitel: Modelle für einen Infostand und zur persönlichen Erbauung 49
Bauanleitungen: ....
Rotierende Solarblume 50
Mikro-Solarmobil 51
Sonnenschiffchen 52
Sonnenraddampfer 53
Solarer Tongenerator 54
Aus unserer Modellsammlung 55

6. Kapitel: Einfache Meßgeräte für die Sonnenstrahlung 57
Einfaches Meßgerät 57
Verbessertes Meßgerät 58
Vorschlag für ein einfaches Energiemeßgerät 59
Strahlungs- und Energiemeßgerät 59

7. Kapitel: Akkus Laden mit Sonnenstrom 61
Einwegbatterien oder wiederaufladbare Akkus 61
Funktionsweise von Nickel-Cadmium Akkus 62
Wo sind Nickel-Cadmium Akkus sinnvoll? 63
Welche Lademöglichkeiten gibt es? 63
Entladeverhalten von NC-Akkus 64
Ladearten von NC-Akkus 65
Laden nur eines bestimmten Akkutyps 65
Laden von mehreren verschiedenen Akkutypen 66
Anpassung von Akku und Solarzelle 66
Entladeschutz 67
Wieviele Solarzellen braucht man für Ladegeräte 68
Anforderungen an die Solarzellen 68
Schutz vor Überladung 68
Serien- und Parallelschaltung von Akkus 68
Haltbarkeit von NC-Akkus 69
Ladezeit 70
Wissenswerte Daten, Tips und Tricks über NC-Akkus 71
Bauanleitungen ....
Einfaches Ladegerät für einen NC-Akku 72
Ladegerät für zwei NC-Akkus 72

Ladegerät mit Überladungsschutz 72
Ladegerät für 9 V Akkus aus Bruchstücken 74
Universal-Ladegerät mit Strombegrenzung 74

8. Kapitel: Solarzellen – wie funktionieren sie und welche Arten gibt es? 77
Funktion von Solarzellen 77
Arten von Solarzellen 79

9. Kapitel: Sonnenenergie, Sonnenbahn und Ausrichtung von Solarzellen 81
Wieviel Sonnenenergie ist vorhanden? 81
Sonnenscheinkarte der Bundesrepublik 81
Sonnenschein und Helligkeit 82
Solarzellen zur Stromerzeugung 83
Sonnenstand und Ausrichtung der Solarzellen 84

**10. Kapitel: Brauchen Solarzellen für die Herstellung mehr Energie als sie im Betrieb liefern?
– oder – der „Solare Brüter"** 87
Anhang:
Energie- und Umweltzentrum 89
Literaturverzeichnis 90
Bezugsquellen 92

Vorwort

Als wir das erstemal vor einigen Jahren ein einfaches solargetriebenes Motörchen mit einer sich drehenden Anti-Atomkraftsonne sahen, waren wir davon fasziniert. Hielt man die Hand vor die Solarzelle, blieb der Motor stehen, nahm man die Hand wieder weg, drehte sich die Sonne wieder. Ein direktes Erleben der Energie der Sonnenstrahlung. Der erfindungsreiche Bastler hatte diesem Sonnenmotor den Namen: „Das kleinste Kraftwerk der Welt" gegeben. Neben anderen hat uns auch dies Erlebnis dazu bewogen, uns mit der Solartechnik zu beschäftigen.

Durch die Anleitungen und Anregungen dieses Bastelbuchs wollen wir Spaß und Freude am (Solar-) Modellbau vermitteln und gleichzeitig den Leser hinführen zur Beschäftigung mit der zukunftsweisendsten aller Energiequellen, der Sonnenenergie.

Stromerzeugung durch Solarzellen gilt heute gemeinhin noch als eine sehr teure Angelegenheit für recht exklusive Zwecke. Neue technologische Entwicklungen lassen es jedoch durchaus möglich erscheinen, daß auch die solare Hausstromversorgung in absehbarer Zeit zu einer bezahlbaren Alternative wird. Zur Technik dieser umweltfreundlichen Energieversorgung gibt es mittlerweile eine Reihe, auch sehr praktischer Veröffentlichungen (s. Literaturliste). Dieses Buch will etwas anderes:

Es will – auch für elektrotechnische Laien – einen Einstieg geben in die faszinierenden Möglichkeiten, den Sonnenschein für den direkten Antrieb von Modellen und Kleingeräten zu nutzen. Es zeigt, wie einfache solare Batterielader selbst gebaut werden können, die auch mit bloßem Tageslicht Kleinakkus für vielfältige Anwendungen immer wieder aufladen.

Durch den Bau billiger Solarmeßgeräte, wie er ebenfalls in diesem Buch beschrieben wird, kann jeder ein Gefühl und recht genaue Daten über die Energiemengen gewinnen, die uns die Sonne auch in unseren Breiten alljährlich zur Verfügung stellt.

Man braucht nicht unbedingt das ganze Buch zu lesen, um etwas Funktionierendes bauen zu können. Dennoch wollten wir nicht darauf verzichten, dem Interessierten in den Kapiteln acht bis zehn etwas Hintergrundwissen zu vermitteln. Wer sich noch weiter informieren will, findet in der Literaturangabe einige Bücher, die ihm weiterhelfen könnten. Da man Solarzellen und Zubehör (noch) nicht an jeder Ecke kaufen kann, soll das Bezugsquellenverzeichnis im Anhang eine Hilfe bei der Beschaffung der Bauteile sein.

Das Inhaltsverzeichnis ist sehr ausführlich gehalten, um dem Leser das Auffinden einzelner Abschnitte zu erleichtern.

Für Anregungen und neue Baiideen sind wir immer dankbar.

Und nun viel Spaß beim Lesen, Anschauen der Bilder und Basteln.

Im September 1983
Robert Borsch-Laaks
Peter Stenhorst

Danksagung:

Wir danken Heiner Menzel, Günther Brandt und Carsten Falkenberg für viele Anregungen, Tips und Schaltungsbeispiele, außerdem Dietlind Preis, H. Menzel, G. Brandt und dem Energie- und Umweltzentrum für die Möglichkeit, ihre Solarmodelle zu fotografieren. Insbesondere danken wir auch H. Menzel für die Überlassung der Bauanleitung „Solarradler" und „Solarschmetterling" und Volker Voggenreiter für die Überlassung der Bauanleitungen „Solarblume", „Solarmobil", „Sonnenschiffchen", „Sonnenraddampfer" und „Solarer Tongenerator".

1. Kapitel

Eigenschaften, Arten und Handhabung von Solarzellen

Solarzellen sind Produkte der Halbleitertechnik, also verwandt mit alledem, was uns tagtäglich an elektronischen Gerätschaften umgibt. Vom Taschenrechner bis zum Großcomputer, von der Digitaluhr bis zu Radio und Fernseher, von der Heizungsanlage bis Fahrkartenautomat gibt es heute kaum noch irgendwelche Industrieerzeugnisse, die nicht ein undurchsichtiges elektronisches Etwas an sich hätten. Auch mit Solarzellen kann man mancherlei komplizierte Sachen anstellen, und um ihre Funktionsweise im einzelnen zu verstehen, ist einiges an physikalischer Theorie von Nöten. Dennoch wollen wir versuchen, ein Sonnenstrom – Bastelbuch zu schreiben, mit dem auch Elektroniklaien etwas anfangen können. Deshalb wollen wir uns auch nicht mit langen Vorreden über Physik und Technik aufhalten, sondern zunächst die grundlegenden Eigenschaften erklären, soweit sie von praktischer Bedeutung für den Modellbau sind.

Aufbau einer Solarzelle

Solarzellen bestehen in der Regel aus hauchdünnen Silizium – Kristallscheiben, die, wenn Licht auf sie fällt, elektrischen Gleichstrom erzeugen können. (Wie diese Umwandlung von Sonnenenergie in elektrische Energie im einzelnen vor sich geht, ist im Kapitel 8 nachzulesen). Damit dieser Ladungsstrom überhaupt nutzbringend die Sonnenzelle verlassen kann, sind auf beiden Seiten metallische Kontakte angebracht – hinten über die ganze Fläche, vorne nur in dünnen Linien, um noch genügend Licht in die Zelle einfallen zu lassen. Diese beiden Seiten stellen auch die beiden Pole der Solarzelle als Spannungsquelle dar. Minus liegt bei vielen Fabrikaten vorne, und Plus dann entsprechend hinten. Bei anderen ist es gerade umgekehrt.

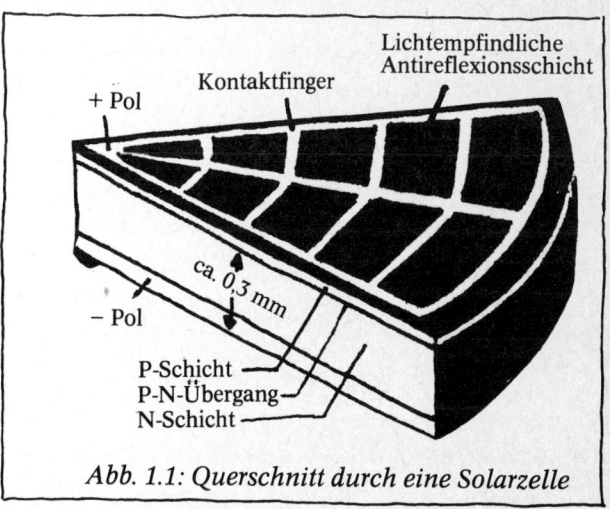

Abb. 1.1: *Querschnitt durch eine Solarzelle*

Die Vorderseite ist zudem mit einem „Anti-Reflex-Belag" beschichtet, der dafür sorgt, daß der größte Teil des auftreffenden Lichts tatsächlich in das Innere der Zelle eindringen kann und nicht schon an der Kristalloberfläche reflektiert wird. (Diese Beschichtung ist im übrigen auch für die schwarzbläulich schimmernde Farbe von Solarzellen verantwortlich).

Was uns natürlich am meisten interessiert, ist nicht das mehr oder weniger schön empfundene Äußere der Solarzellen, sondern ihre Leistungsfähigkeit als Strom- und Spannungsquelle. Deshalb wollen wir uns im folgenden die drei Aspekte Spannung (U), Stromstärke (I) und Leistung (P) in verschiedenen Abhängigkeiten voneinander und von äußeren Gegebenheiten untersuchen.

Praxis heißt das u.a., daß Solargeneratoren auch an trüben Tagen (Einstrahlung ca. 100 Watt/qm) noch eine ausreichende Spannung erreichen können, um Batterien zu laden.

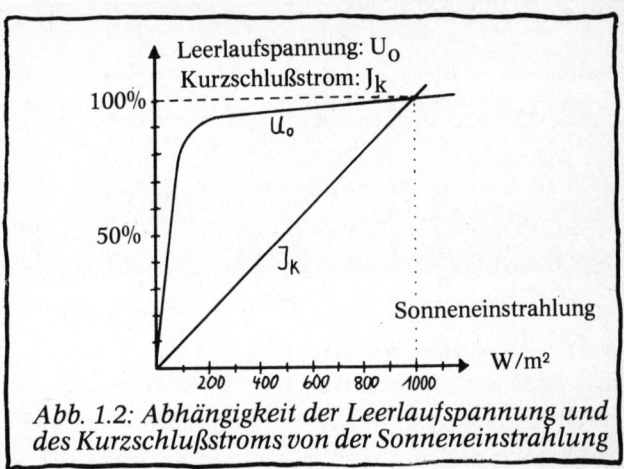

Abb. 1.2: Abhängigkeit der Leerlaufspannung und des Kurzschlußstroms von der Sonneneinstrahlung

Spannung (U)

Die Höhe der Spannung, die *eine* Solarzelle abgeben kann, ist vor allem von der Art des Halbleitermaterials, aus der sie gefertigt ist, bestimmt. Die maximale Leerlaufspannung (U_O), d.h. die Spannung, die sich ohne Anschluß eines Verbrauchers direkt zwischen den beiden Polen messen läßt, beträgt bei Siliziumzellen ca. 0,55 Volt.

Die Spannung hängt *nicht* ab von der Größe der Solarzelle und in einem weiten Bereich auch kaum von der Beleuchtungsstärke. Natürlich wird auch die beste Sonnenzelle in der Nacht keine Spannung zu Stande bringen. Aber schon bei 10% des vollen Sonnenscheins werden 95% der Höchstspannung erreicht. Für die

Stromstärke (I)

Ganz anders verhält es sich, wenn wir die Stärke des Ladungsstroms einer Solarzelle betrachten. Verbindet man die beiden Pole direkt mit einem Amperemeter, so kann man Kurzschlußströme (I_k) messen, die sowohl von der Fläche der Solarzelle als auch von der eingestrahlten Energie unmittelbar abhängen.

Und zwar steigt die gemessene Stromstärke direkt proportional zur Vergrößerung von Fläche und Beleuchtungsstärke.

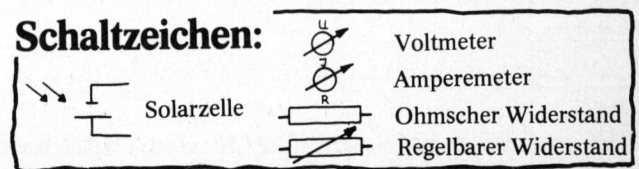

Schaltzeichen: Solarzelle, Voltmeter, Amperemeter, Ohmscher Widerstand, Regelbarer Widerstand

Leistung (P)

Mancher mag sich erinnern, daß im Physikunterricht in der Schule einmal die elektrische Leistung definiert wurde als Produkt von Strom und Spannung.

P = U x I (1 Watt = 1 Volt x 1 Ampere)

So kommt es, daß auch die Leistung von Solarzellen entsprechend ihrer Größe und der eingestrahlten Energie wächst. Die Leistungskurve nimmt einen fast identischen Verlauf wie die Stromstärkekurve.

Wie ermittelt man nun die maximale Leistung einer Solarzelle bei vollem Sonnenschein (1000 W/qm)?

Als „elektrischer Laie" wird man versucht sein, die obigen Höchstwerte von Leerlaufspannung und Kurzschlußstrom miteinander zu multiplizieren. Das führt aber zu einem falschen Ergebnis, da beide Werte nie zur gleichen Zeit erreicht werden können. U_0 wird bei praktisch unendlich großem Widerstand zwischen den beiden Polen gemessen (hoher Innenwiderstand des Voltmeters). Durch Umschalten des Meßinstruments auf Strommessung fließt I_k durch ein Amperemeter, dessen Innenwiderstand praktisch Null ist (daher auch *Kurzschluß*-Strom). Wir messen also Strom und Spannung bei zwei ganz verschiedenen Verbrauchern.

Für die praktische Leistung einer Solarzelle – wie auch jeder anderen Stromquelle – ist aber entscheidend, welchen Strom bei welcher Spannung sie *einem bestimmten Verbraucher* zur Verfügung stellt. Und die Größe dieser Leistung hängt nicht zuletzt von der Dimensionierung, d. h. dem elektrischen Widerstand dieses Verbrauchers ab.

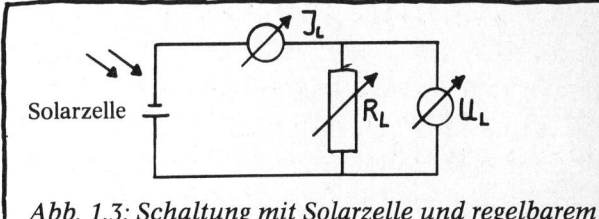

Abb. 1.3: Schaltung mit Solarzelle und regelbarem ohmschen Verbraucher zur Aufnahme der Kennlinie

Wenn man einen solchen Lastwiderstand von 0 bis ∞ variiert und die gemessenen Strom – und Spannungswerte in eine Grafik einträgt, ergibt sich die sog. „Kennlinie" einer Solarzelle. Jedem Punkt dieser Kurve ist also ein bestimmter Lastwiderstand (R_1) und die entsprechenden Strom- und Spannungswerte (I_1 und U_1) zugeordnet. (Wobei nach dem altbekannten Ohmschen Gesetz gilt: $R_1 = U_1 : I_1$).

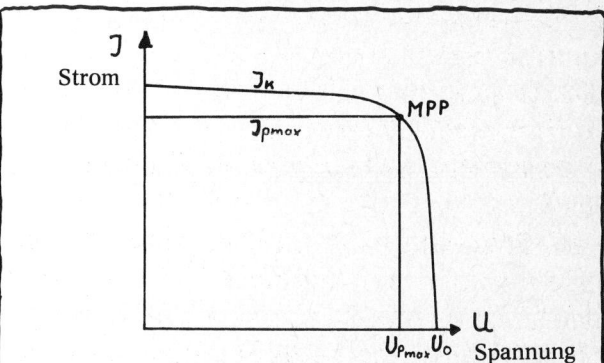

Abb. 1.4: Kennlinie einer Solarzelle; MPP ist der Punkt an dem die Solarzelle ihre max. Leistung abgibt

Die Leistung der Solarzelle läßt sich in diesem Schaubild als Fläche des Rechtecks deuten, das jeweils als Produkt von I_1 und U_1 gebildet wird:

Rechteckfläche (P) = Breite (U_1) x Höhe (I_1)

Die maximale Leistung ist dann erreicht, wenn diese Fläche ihren größtmöglichen Wert annimmt. Dies ist stets „im Knick" der Kurve der Fall. Wichtig: An diesem „Punkt mit maximaler Leistung" (engl.: Maximum – Power – Point, MPP) sind die Strom- und Spannungswerte um 20–25% niedriger als der Kurzschlußstrom und die Leerlaufspannung! Bei einer bestimmten Einstrahlung gibt es nur diesen einen Punkt und nur diesen einen Lastwiderstand für den die Solarzelle ihre optimale Leistung bringt. Am MPP haben die üblichen Einkristall-Siliziumzellen meist einen Wirkungsgrad von 10–12%, d.h. sie können diesen Prozentsatz der einfallenden Sonnenenergie in elektrische Energie umwandeln.

Anpassung Solarzelle – Verbraucher

Soweit die Kennlinien-Theorie. Für die Praxis des Zusammenspiels von Solarzelle und Verbraucher entstehen daraus noch einige weitere Probleme. Denn die oben erläuterte Kurve gilt nur für eine bestimmte Einstrahlungsleistung. Bei anderen Lichtverhältnissen ergeben sich zwar ähnlich geformte, aber zahlenmäßig andere Kennlinienbilder. Auch hier liegt der MPP im „Knick" der Kurven, aber der Knick findet jeweils an einer anderen Stelle statt. Und zwar bei etwa gleicher Spannung (U_{pmax}) aber

bei einem Bruchteil der Stromstärke. I_{pmax} ändert sich (wie schon zuvor der Kurzschlußstrom) entsprechend der Veränderung der Einstrahlungsleistung.

Genau wie bei ersten betrachteten Kennlinie gibt es bei jeder anderen Beleuchtungsstärke jeweils einen *anderen* „passenden" Lastwiderstand ($R_1 = U_{pmax} : I_{pmax}$), bei dem das Produkt aus Strom und Spannung den höchsten Wert erreicht. Umgekehrt gesagt: Eine Solarzelle mit *festem* Verbraucherwiderstand arbeitet nur bei einer einzigen Beleuchtungsstärke optimal – dann, wenn die „Widerstandsgerade" die Kennlinie genau im MPP schneidet. Bei allen anderen Lichtverhältnissen liegt eine mehr oder weniger große Fehlanpassung von Solarzelle und Verbraucher vor.

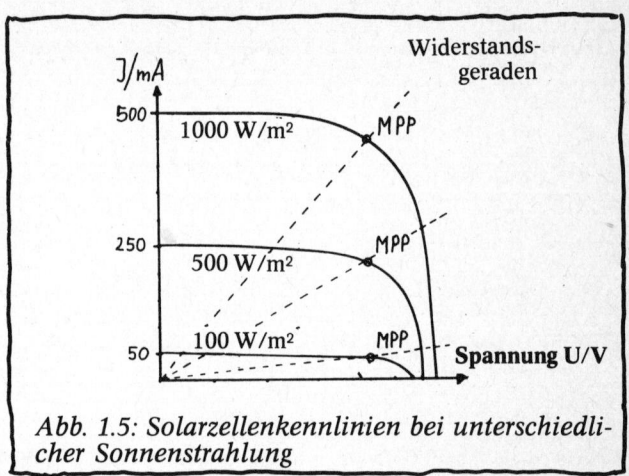

Abb. 1.5: Solarzellenkennlinien bei unterschiedlicher Sonnenstrahlung

Ein Beispiel: Eine Solarzelle mit 50 mm Durchmesser, die bei voller Sonne (1000 W/qm) und optimaler Anpassung ($R_L = 0,85 \Omega$) 160 mW leistet, liefert bei halber Einstrahlung nicht die

Hälfte an Leistung sondern erheblich weniger: etwa ein Drittel (56 mW bei X_1). Bei 100 W/qm Einstrahlungsleistung fallen beim gleichen Verbraucher nicht die maximal möglichen 16 mW (= 10% von P_{max}) sondern nur 2,2 mW bei X_2 an (= 1,4% von P_{max}). Ihr jeweiliges Optimum hätte die Zelle nur dann erzielen können, wenn die Lastwiderstand ebenfalls auf die Hälfte bzw. ein Zehntel reduziert worden wäre.

Da dies in der Praxis nicht möglich ist, wird der *direkte* Antrieb von Verbrauchern mit „ohmschen Widerstand" (Lampen, Radios,…) immer mit Anpassungsschwierigkeiten verbunden sein. Man muß dann an Hand der Kennlinienbilder entscheiden, bei welcher Einstrahlung des *Gesamt*system Solarzelle – Verbraucher mit dem besten Wirkungsgrad arbeiten soll.

Für die anderen Anwendungsfälle, die in diesem Buch behandelt werden (Motorenantrieb und Akkus-Laden) treten solche Probleme weniger gravierend auf, da deren Verbraucherkennlinien günstigere Charakteristiken aufweisen als die ohmsche Widerstandsgerade. Aber auch hierbei gilt: Die „Kunst" des Baus von gut funktionierenden Sonnenstromsystemen besteht nicht zuletzt darin, eine günstige Anpassung des Arbeitsbereichs des Verbrauchers an die Gegebenheiten der jeweiligen Solargeneratorkennlinie zu erreichen. Und umgekehrt! Wir werden darauf an den entsprechenden Stellen im praktischen Teil zurückkommen.

Ausrichtung nach den Sonnenstand

Alle bisherigen Angaben über die Leistungsfähigkeit von Solarzellen wurden unter der stillschweigenden Annahme gemacht, daß die Sonne direkt und *senkrecht* auf die Solarzelle scheint. Wenn das jedoch nicht der Fall ist, so kann die *wirksame* Bestrahlungsstärke erheblich niedriger ausfallen. Ein Beispiel: Die Sonne stehe an einem klaren Wintertag mittags in einem Winkel von 30° über dem Horizont. Dann muß die Solarzelle nach Süden ausgerichtet und in einem Winkel von 60° zum Erdboden gekippt sein, um die „volle Sonne" zu erhalten.

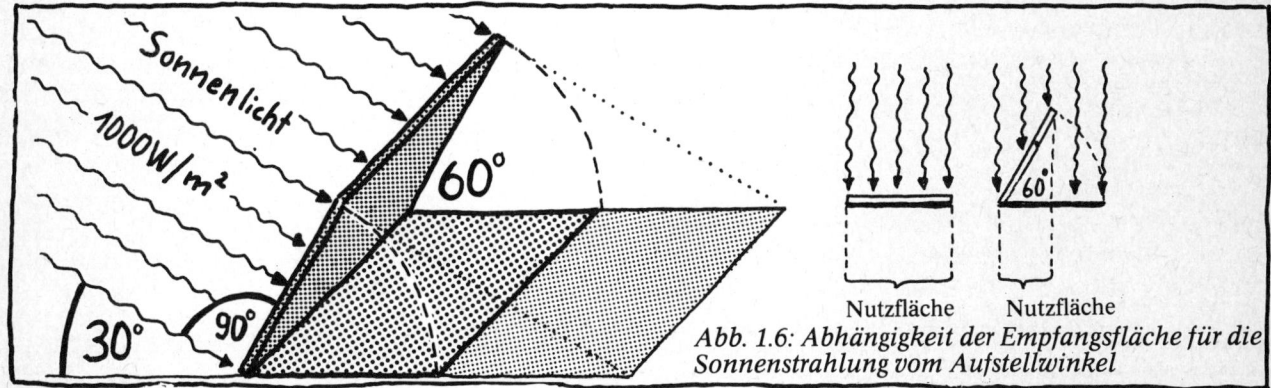

Abb. 1.6: Abhängigkeit der Empfangsfläche für die Sonnenstrahlung vom Aufstellwinkel

Würde man die Zelle flach auf den Boden legen, so erhielte sie auf ihre Fläche nur noch die halbe Einstrahlung. Oder anders gesagt: Auf den Erdboden verteilt sich in diesem Fall die Strahlungsleistung auf einer doppelt so großen Fläche (= Schattenfläche in der Grafik). Da die Solarzellengröße auch nach dem Umklappen immer noch genau so groß wie vorher ist, bekommt sie nun nur noch die halbe Energie mit. Mathematisch läßt sich dieser Sachverhalt über den cos φ ausdrücken. Dabei ist φ der Winkel um den die Sonnenzelle von der optimalen (senkrechten) Ausrichtung abweicht. *Die „wirksame Bestrahlungsstärke" ist das Produkt von cos φ und der optimalen Einstrahlung.*

Unabhängig von diesem geometrischen Faktor kommt hinzu, daß bei schrägem Lichteinfall die Reflexion an den Glas- oder Kunststoffabdeckungen, mit denen die Solarzellen im Freien in der Regel vor der Witterung geschützt werden, zunimmt.

Dies gilt alles natürlich nur bei direktem Sonnenlicht. Diffuse Himmelsstrahlung = Helligkeit (bei Wolken und Dunst) und von der Umgebung reflektiertes Licht hat keine Vorzugsrichtung. In Bezug auf diesen Anteil der Globalstrahlung ist die Ausrichtung des Solargenerators fast ohne Bedeutung.

Insgesamt kann übers Jahr hinweg eine automatische Nachführung nach dem Sonnenstand eine 2- bis 3fach größere Energieausbeute erbringen als eine feste Installation. Bei den heutigen Solarzellenpreisen sicher eine lohnende Sache für größere Anlagen. Für die kleinen Modelle, um die es in diesem Buch geht, reicht es hin, bei der Dimensionierung der notwendigen Größe der Sonnenzellenfläche diese Effekte zu berücksichtigen und allenfalls eine Nachführung von Hand vorzunehmen. Siehe auch Kap. 9.

Temperaturabhängigkeit

Der Wirkungsgrad von Solarzellen ist abhängig von ihrer Temperatur. Um knapp 0,5% ändert sich die Leistung pro Grad Temperaturdifferenz. Das hört sich nicht nach viel an. Man sollte aber bedenken, daß Solarzellen schwarz sind und den größten Teil des auffallenden Lichts nicht in Strom sondern in Wärme umwandeln. Wenn sie dann noch in geschlossene Glas- oder Kunststoffgehäuse eingebaut sind, dann sind aufgrund des Treibhauseffektes *Zellen*temperaturen von 60–80° schnell erreicht. Dabei muß dann schon mit einem Leistungsverlust von 20–25% gerechnet werden. Überproportional stark ist hierbei sogar Rückgang der Zellen*spannung*.

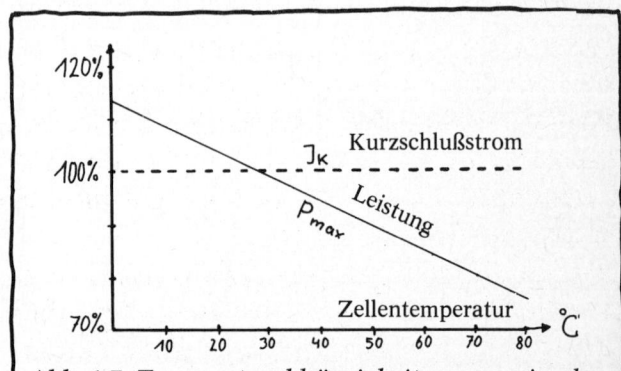

Abb. 1.7: Temperaturabhängigkeit von maximaler Leistung und Kurzschlußstrom einer Solarzelle

Noch extremer werden die Verhältnisse, wenn man zur Erhöhung der Stromausbeute konzentriertes Sonnenlicht z.B. durch Spiegel oder Linsen auf die Solarzellen schickt. Dann *müssen* sie gekühlt werden. Dies ermöglicht aber gleichzeitig unter gewissen Umständen eine doppelte Nutzung der eingefangenen Sonnenenergie: Zur Stromerzeugung und zur Warmwasserbereitung.

Solarzellen für Bastelzwecke

Solarzellen gibt es mittlerweile in einer verwirrenden Vielfalt von Typen, Größen und Formen. Erhältlich sind bei den verschiedenen Versendern und in Elektronikläden meist monokristalline Siliziumzellen. Diese Art Zellen sind von Natur aus rund, da die Si-Kristalle nach allen Seiten gleichmäßig als zylindrische Blöcke wachsen.

Diese Kreisform hat natürlich den Nachteil, daß beim Zusammenschalten mehrerer Zellen immer ungenutzte Zwischenräume entstehen. Für Anwendungen im Weltraum und andere Zwecke, wo jeder Quadratzentimeter ausgenutzt werden muß, werden auch rechteckige und quadratische Zellen angeboten. Sie sind allerdings in der Regel erheblich teurer, da sie ja erst aus den runden Zellen zurechtgeschnitten werden müssen.

Zwar ist Basteln mit Solarzellen in den letzten Jahren um einiges billiger geworden, aber der von vielen Experten prophezeite Durchbruch zu Preisen in der Größenordnung von einem Zehntel der heutigen wird wohl noch ein paar Jahre auf sich warten lassen. So wird auf absehbare Zeit der Sonnenstrommodellbau ein nicht gerade billiges Hobby bleiben. Gleichwohl läßt sich manche Mark durch Preisvergleiche zwischen verschiedenen Anbietern sparen. Im folgenden wollen wir einige Tips geben, wie man mit möglichst geringen Materialkosten zum gewünschten Sonnenstromergebnis kommt.

Das Hauptproblem bei vielen Bastelanwendungen besteht darin, die nötigen Spannungen zu erreichen z.B. zum Antrieb von Spielzeugmotoren (4–6 V) und von Radios (3–7,5 V) und zum Laden von Akkus (je Akku-Zelle 1,3–2 V). Wenn man berücksichtigt, daß jede Solarzelle – ganz gleich wie groß – im praktischen Betrieb kaum mit mehr als 0,4 Volt zu veranschlagen ist, dann kann schnell ein stattlicher Bedarf an Material zusammen kommen.

Andererseits ist der Strombedarf der potentiellen Verbraucher insbesondere dann, wenn es sich dabei um elektronische Geräte handelt, so niedrig, daß schon kleinste Solarzellenflächen ausreichen. Aus diesem Grund haben Solarbastler der frühen Jahre Techniken entwickelt, wie man große Zellen so geschickt zerbrechen kann, daß sich die Bruchstücke zur Erzielung höherer Spannungen weiterverwenden lassen. Durch Reihenschaltung der Einzelteile läßt sich nämlich dieselbe Gesamtleistung bei höherer Spannung erzielen.

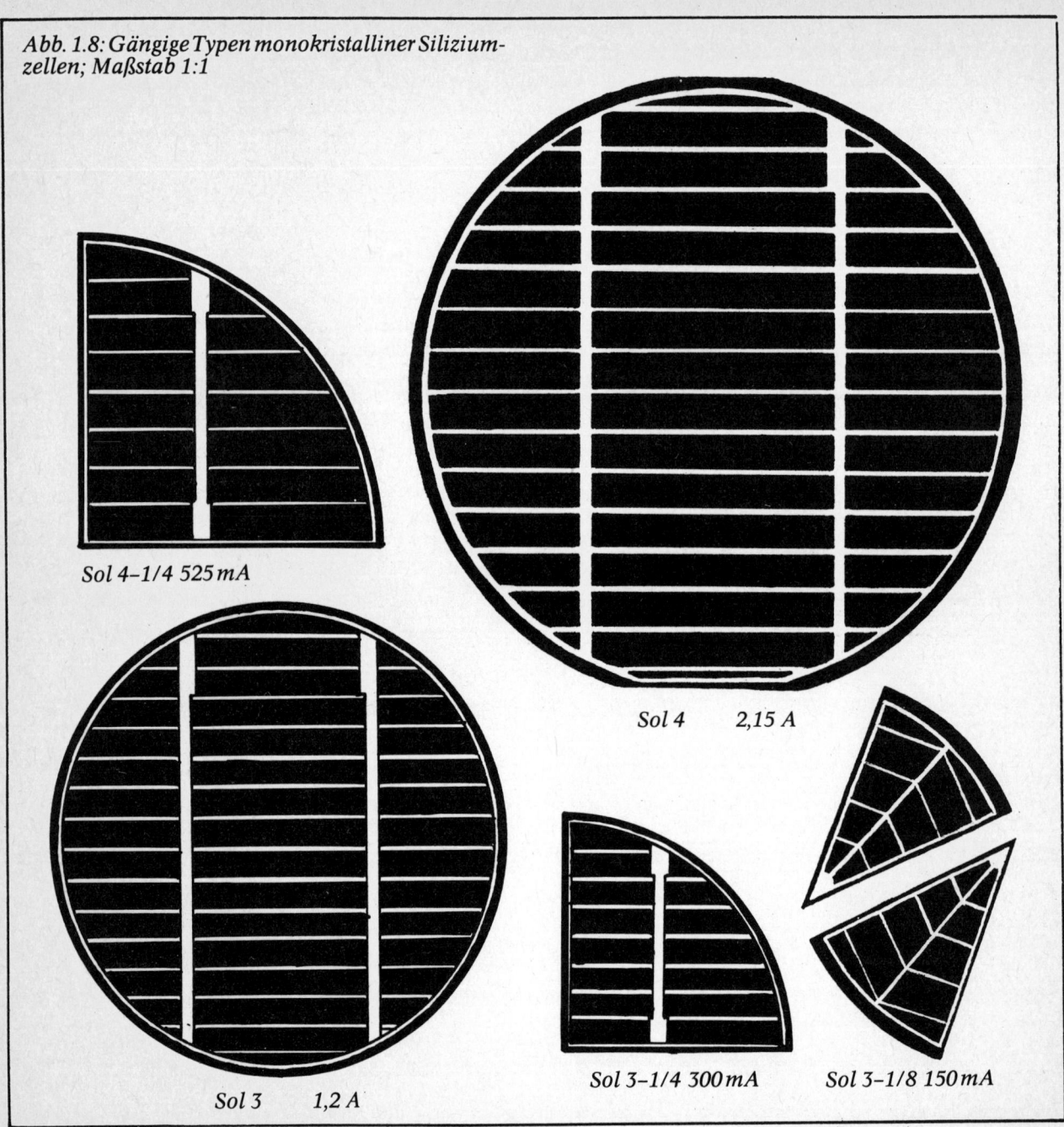

Abb. 1.8: Gängige Typen monokristalliner Siliziumzellen; Maßstab 1:1

Sol 4–1/4 525 mA

Sol 4   2,15 A

Sol 3   1,2 A

Sol 3–1/4 300 mA

Sol 3–1/8 150 mA

16

Reihenschaltung:

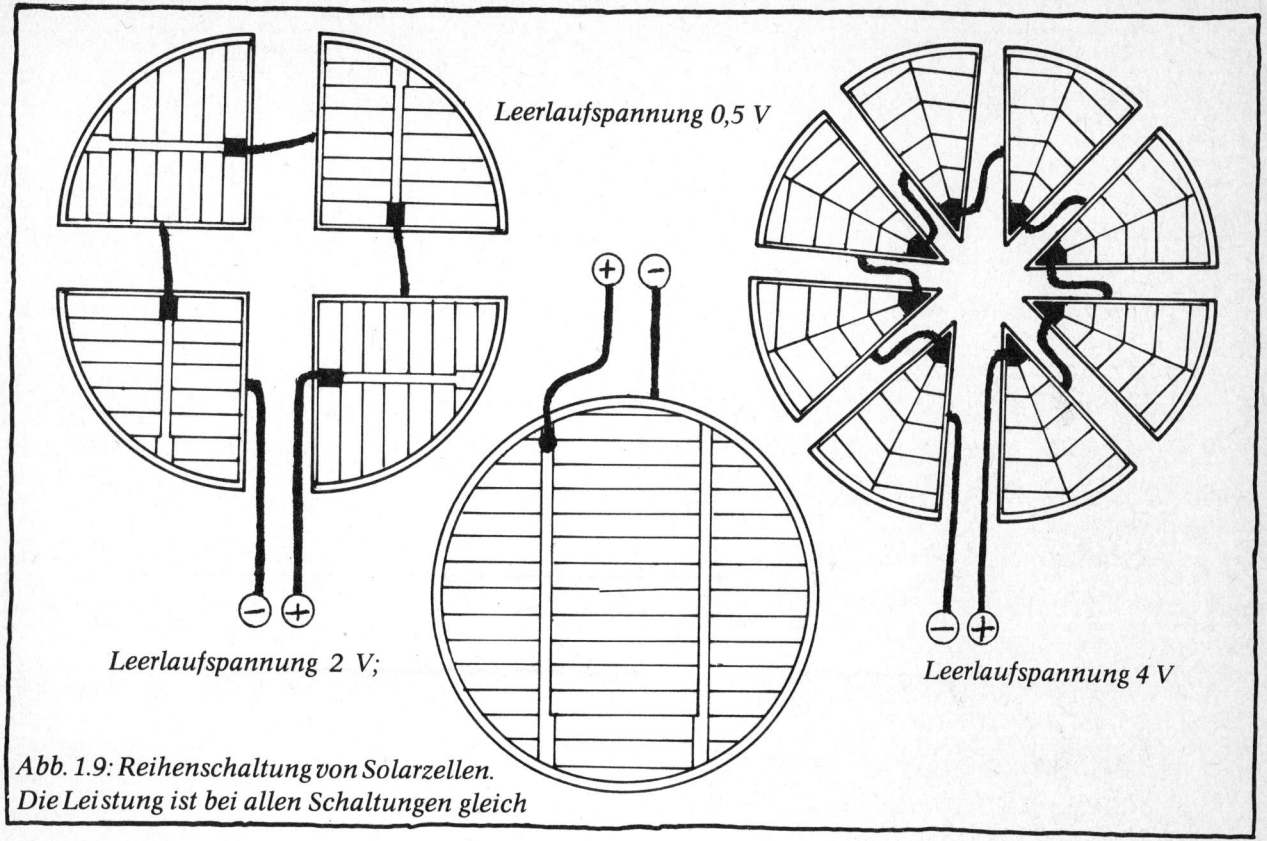

Leerlaufspannung 0,5 V

Leerlaufspannung 2 V;

Leerlaufspannung 4 V

Abb. 1.9: Reihenschaltung von Solarzellen.
Die Leistung ist bei allen Schaltungen gleich

Zu solchen Brachialmethoden brauchen wir heute nicht mehr zu greifen. Fast alle Solarzellenhändler bieten mittlerweile ein Sortiment von Halb-, Viertel- oder Achtelsegmenten aus großen 3- oder 4- Zoll Scheiben an. Es ist sehr empfehlenswert, das solare Heimwerken mit diesen im Stückpreis erschwinglichen Segmentzellen zu beginnen. Die Preise pro Watt Spitzenleistung sind nur unwesentlich höher als bei den vollrunden Zellen. Durch Mengenrabatte bei größeren Stückzahlen kann es bei gleicher Leistung manchmal sogar günstiger sein, viele Segmente statt weniger großer Solarzellen zu kaufen.

Auf jeden Fall ist man durch die Verwendung der Segmentzellen viel flexibler im Ausprobieren verschiedener Schaltungsmöglichkeiten. Denn bei Bedarf läßt sich durch Parallelschaltung auch jede beliebige Stromstärke der großen Zellen erzielen.

Parallelschaltung

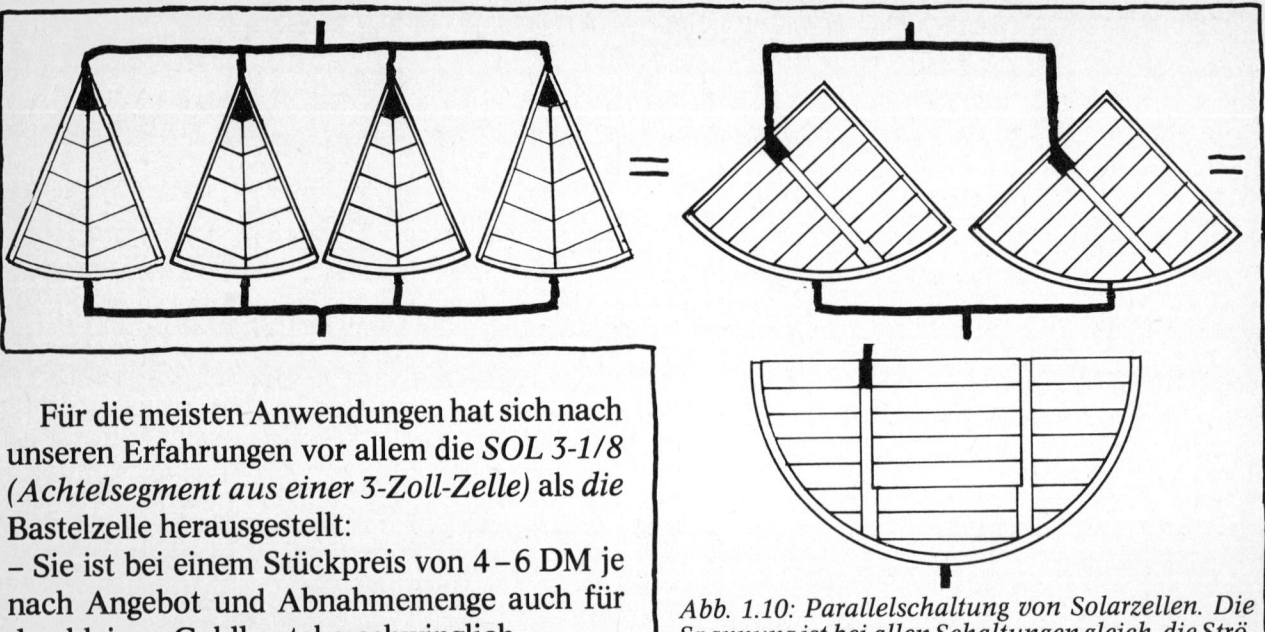

Abb. 1.10: *Parallelschaltung von Solarzellen. Die Spannung ist bei allen Schaltungen gleich, die Ströme addieren sich*

Für die meisten Anwendungen hat sich nach unseren Erfahrungen vor allem die *SOL 3-1/8 (Achtelsegment aus einer 3-Zoll-Zelle)* als *die* Bastelzelle herausgestellt:
- Sie ist bei einem Stückpreis von 4 – 6 DM je nach Angebot und Abnahmemenge auch für den kleinen Geldbeutel erschwinglich.
- Der Strom dieser Zellen (max. 140 mA) reicht bei Sonne aus, um Ni/Cd-Akkus bis hin zum Monozellentyp in kurzer Zeit zu laden, um Kleinmotore schon mit einer Zelle anzutreiben usw. usf.
- Sie ist aus relativ dicken Siliziumscheiben gefertigt (fast 0,5 mm) und deshalb sehr stabil und bruchsicher.
- Durch außergewöhnlich feste Lötbahnen und einen praktischen Lötpunkt an der Spitze läßt sie sich auch von ungeübten Bastler leicht verarbeiten.

Für spezielle Anwendungen mit extrem niedrigem Stromverbrauch (z.B. Taschenrechner mit LCD-Anzeige und Dauerladen einer kleinen Pufferbatterie aus Mignon- oder Knopfzellen) kommen weiterhin noch kleine Rechteckzellen in Betracht (20 x 10 mm und 19 x 6 mm). Sie sind allerdings, weil sie so winzig sind, etwas knifflig in der Handhabung.

Es gibt mittlerweile jedoch auch sogenannte „arrays". Diese bestehen aus schindelförmig miteinander verlöteten kleinen Solarzellen. Bei z.B. acht miteinander verlöteten Zellen hat man bereits eine Spannung von etwa vier Volt. Die arrays eignen sich besonders gut zum Laden von neun Volt Kleinakkus. Dazu werden dann drei arrays hintereinandergeschaltet. Mignonakkus könnte man ebenfalls mit arrays laden, es dauert dann halt relativ lange.

Löten von Solarzellen

Im Grunde ist es nicht schwer, kleine Solargeneratoren selber zusammenzulöten. Und der versierte Elektrobastler wird diesen Abschnitt vielleicht überschlagen. Aber da wir hoffen, daß dieses Buch auch vielen Laien zu einem Einstieg in das solare Heimwerken verhilft, folgen nun einige „Selbstverständlichkeiten" über das Löten – aber auch einige Hinweise auf das, was man bei Solarzellen besonders beachten sollte. Als Material benötigen wir:

● Lötkolben 30–40 Watt (bei großen Zellen 50 Watt und mehr) und eine Löttemperatur von 230-250° C.

● gutes Lötzinn mit Flußmittel (Radiolot).

● Dünne Radiolitze (0,1–0,5 qmm bei Strömen bis 0,5 A). Keinen Kupfer*draht* verwenden, da dieser zu starr ist und deshalb leicht zum Bruch der Solarzelle führt, oder besser vorverzinntes Kupferband.

● Abisolierzange oder kleines, altes Küchenmesser.

● Stück dünnen Karton zum Abdecken der Solarzelle beim Löten.

● eine glatte, nicht wärmeleitende und hitzebeständige Arbeitsunterlage (Holzbrett, dicker Karton).

Abb. 1.11: Arbeitsplatz und Werkzeug zum Löten der Solarzellen.

Pinzette, Lötzinn, Kabelabisolierzange (oder Messer), Lötkolben, evtl. Acrylklebeband, Zange zum Drahtabzwicken, Unterlage aus Karton oder Kork, Karton

Abb. 1.12: Abisolieren der Kupferlitze

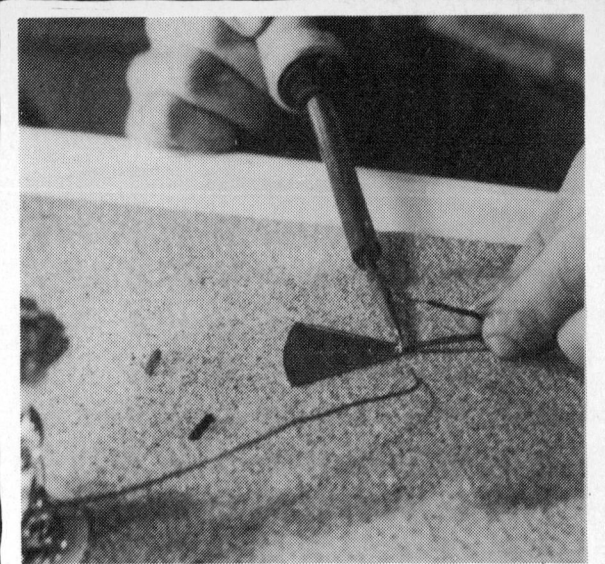

Abb. 1.14: Anlöten der Kupferlitze auf der Vorderseite der Solarzelle

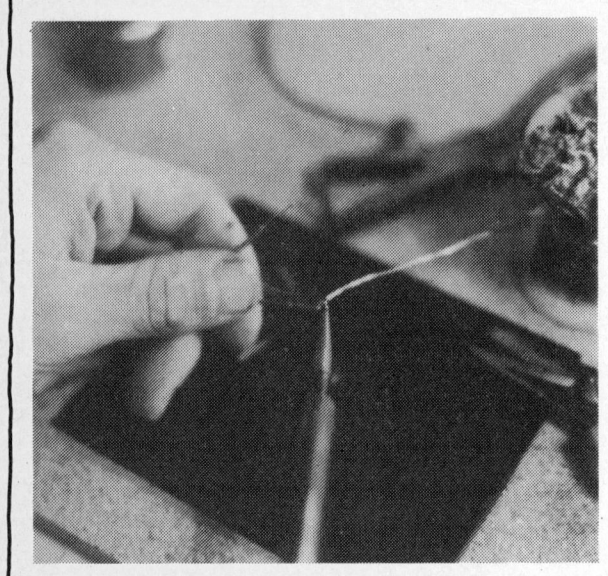

Abb. 1.13: Vorverzinnen der Kupferlitze

● Die heiße, silbrigglänzende Stelle der Lötspitze sollte stets sauber und eben sein.

Merkmale einer guten Lötstelle: Der Draht ist vom Lötzinn umflossen. Es sitzt nicht ein Zinntropfen auf dem Draht. Die Oberfläche der Lötstelle ist silbrig glänzend. Matte Lötstellen sind meist ein Zeichen für zu frühes Loslassen nach dem Löten.

Wenn es nicht sofort funktioniert hat, wird es durch längeres „Rumprokeln" auch nicht besser, weil dann meist schon das Flußmittel verdampft ist. Spätestens nach dem zweiten Fehlversuch sollte man am besten das überflüssige Lötzinn an Solarzelle und Draht mit dem Lötkolben entfernen und mit frischem Zinn von der Rolle und neuem Mut nochmal anfangen.

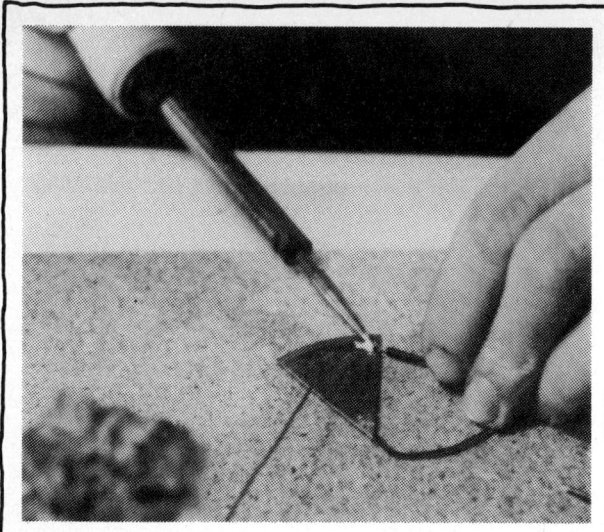

Abb. 1.15: Löten auf der Rückseite der Solarzelle. Hier an einer anderen Stelle als auf der Vorderseite löten

der Vorderseite durch die Hitzeentwicklung wieder aufgehen.

Bei Zellen, an denen viel und lange gelötet wurde, empfiehlt sich eine Kontrollmessung des Kurzschlußstroms und der Leerlaufspannung. Durch zu große Erhitzung kann es sein, daß die Zelle an Leistungsfähigkeit verloren hat.

Noch etwas: Es sollte unbedingt darauf geachtet werden, daß keine Löttropfen auf die Kanten der Solarzellen geraten. Dies führt unweigerlich zum Kurzschluß der Zellen. Die Solarzellen sind zwar elektrisch ausgesprochen „gutmütig", d. h. sie können (im Gegensatz zu Akkus) Kurzschlüsse ohne Schaden vertragen und falsch gepolt angeschlossen werden, aber eine kurzgeschlossene Zelle wird natürlich keinen Strom nach außen abgeben können.

● Der Lötvorgang muß kurz (aber intensiv sein: Den Lötkolben solange dranhalten bis das Zinn zerfließt, und noch einen winzigen Augenblick länger um zu gewährleisten, daß *alles* Zinn *dünn*flüssig geworden ist. Dann den Lötkolben sofort wegnehmen. (Das Ganze spielt sich in ca. 1 Sekunde ab!) Kabel und Zelle nach dem Löten noch ein paar Sekunden erschütterungsfrei fest halten bis alles erstarrt ist.

Das Löten auf der Rückseite ist wesentlich einfacher. Dennoch sollte man nicht mit dieser Seite anfangen, da die Gefahr besteht, daß beim späteren Vorderseitelöten durch den Festhaltedruck die Zelle an der hinteren Lötstelle bricht.

Die Lötstelle auf der Rückseite sollte möglichst derjenigen auf der Vorderseite nicht gegenüberliegen. Sonst könnte die Lötstelle auf

Montage von Solarzellen

Wenn es uns nun glücklich gelungen ist, die Solarzellen richtig miteinander zu verlöten, stellt man sich anschließend die Frage, worin baut man die empfindlichen kleinen schwarzen Dinger am besten ein?

Auch wenn eine transparente Abdeckung ca. 10% des Lichtes schluckt, ist dieser Schutz im Freien unbedingt erforderlich, aber auch im Zimmer ratsam. Nur bei bestimmten „Modellen für die Fensterbank" bei denen die Solarzelle gleichzeitig Gestaltungselement ist (s. Kap. 4), kann auf eine „Verpackung" verzichtet werden. Für die meisten der in diesem Buch beschriebenen Bastelanwendungen ist es hinreichend, die Sonnenzellen in kleine *Plastikschächtelchen* einzubauen. Je nach der notwendigen Größe können das leere Schraubendöschen aus dem Baumarkt oder ähnliches Verpackungsmaterial sein. Für kleine Solargeneratoren mit mehreren Segmentzellen eignen sich besonders gut sog. *„Petri-Schalen"* aus Kunststoff (Ø ca. 10 cm) aus dem Laborbedarf.

Für die „gehobeneren Ansprüche" empfiehlt sich als Material am ehesten *Acrylglas* (Plexiglas). Es läßt sich sägen, bohren, schleifen und bei 160° C (z. B. im Backofen) wird es leicht verformbar und biegsam. Optisch hat es die gleichen Eigenschaften wie Glas und ist UV- und bruchbeständig, so daß auch Dauerbelastungen im Außenbereich möglich sind. Am günstigsten erhält man Acrylglas in Kunststoffverarbeitenden Betrieben (s. Branchentelefonbuch). Dort kann man fast immer billige oder kostenlose Reste bekommen. Feste und wasserdichte Verbindungen von Acrylglasplatten erhält man durch Spezialkleber (Methylenchlorid) oder am einfachsten mit Silikondichtmasse aus der Spritzpistole.

Wie werden Solarzellen in den Schachteln befestigt?

Solarzellen sollten generell nicht an ihrer lichtempfindlichen Vorderseite befestigt werden.

Es hat sich als nicht besonders günstig herausgestellt, Solarzellen mit *Tesafilm* an den Abdeckplatten zu befestigen, auch wenn dies zunächst als das einfachste und wirksamste erscheint. Diese Methode ist nur dann ein wirksa-

mer Schutz, wenn die Zellen nicht fest angeklebt werden, sondern die Klebestreifen eine „Dehnungsschlaufe" besitzen. Ansonsten brechen die Kristallscheibchen bei heftigen Erschütterungen und bei Druck auf die Frontplatte durch.

Abb. 1.16: Ankleben der Solarzelle mit Klebeband. Dehnungsschlaufen beachten

Unabhängig davon lassen sich mit Klebestreifen fixierte Solarzellen meist sehr schlecht wieder demontieren und für andere Zwecke benutzen. Der Film haftet so fest, daß sich die verzinnte Rückseite ablösen kann. (Nie sollte man im übrigen Tesafilm auf die Zellenoberseite kleben: Lichtverlust, mangelnde Temperaturbeständigkeit, und die dünnen Silberlinien werden beim Entfernen fast immer abgerissen!) Ähnliche Probleme bei Umbau, Erweiterung oder Andersverwendung eines Solargenerators wird man bekommen, wenn die Solarzellen – wie verschiedentlich vorgeschlagen wird – auf dem Boden des Gehäuses z. B. mit *Pattex* festgeklebt werden. Da ist es schon besser, die Zellen auf kleine *Silikonkautschukhäufchen* zu setzen. Diese lassen sich mit einem scharfen Messer später wieder durchtrennen.

Eine geradezu ideale Klebealternative ist die Verwendung von „*Fixogum*" oder ähnlichen Grafik- und Layoutklebern. Sie bleiben dauerelastisch, und die Zellen lassen sich nach dem

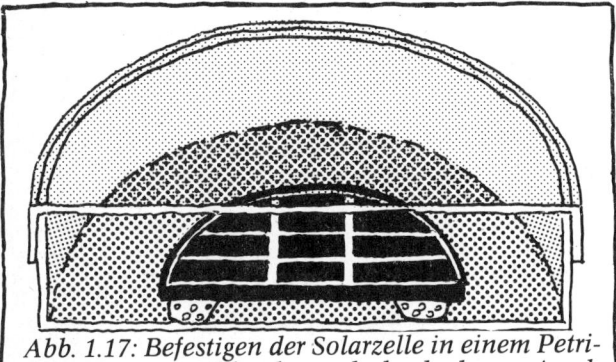

Abb. 1.17: Befestigen der Solarzelle in einem Petrischälchen mit Silikonkautschuk oder besser Acrylklebeband

Festkleben noch für einige Minuten verschieben, um die richtige Position zu finden. Und das entscheidende ist, daß diese Klebemasse sich später einfach wieder abrubbeln läßt.

Ansonsten ist bei kleinen Solarmodellen die Einbettung der Solarzellen in Schachteln, deren Boden mit *Schaumgummi*resten gepolstert wurde, die billigste Lösung. Dazu eignen sich 3 5 mm dicke Schaumgummi-Verpackungs-„Tücher" ganz hervorragend.

Eine gute Möglichkeit bietet auch das im Zubehörhandel erhältliche Acrylklebeband, das eine weiche Auflage garantiert.

Große, käufliche Paneele mit vielen Solarzellen sind fast immer in spezielle Silikonkautschukmassen eingegossen, um die Zellen vor Bruch, Wind und Wetter zu schützen. Ja, es gibt sogar Paneele für Segelboote, wo man drüberlaufen kann. Dies Verfahren würde ich jedoch nur empfehlen beim Bau von Ladegeräten mit Zellenkosten ab ca. 300,– DM. Denn die Verarbeitung des Kautschuks ist nicht so ganz einfach. Für nur ein paar Zellen lohnt sich dieser Aufwand nicht.

Häufig wird auch das Eingießen in Polyesterharz in Erwägung gezogen. Das Gießharz wird allerdings im Gegensatz zum Kautschuk nach dem Abbinden hart. Das führt dazu, daß bei Sonneneinstrahlung die unterschiedlichen Wärmeausdehnungen in Solarzelle und Harz nicht aufgefangen werden können und die Siliziumkristalle dabei brechen. Deshalb kann dieses Verfahren nur bei kleinen Solarzellenflächen angewendet werden..

Was bei der Montage von Solarzellen sonst noch zu beachten ist:

Zugentlastung: Die Anschlußkabel müssen unbedingt fixiert werden, damit ein Zug an ihnen sich nicht auf die Lötstellen und dadurch auf die Solarzellen übertragen kann. Hierbei ist die Verwendung von Klebestreifen in der Regel ausreichend. Eine andere praktische Variante, die auch die Austauschbarkeit von verschiedenen Generatoren und Verbrauchern erleichtert, ist der Einbau von kleinen Buchsen und Steckdosen in die Solarzellendosen.

Lüftungslöcher und/oder groß dimensionierte Schachteln verhindern, daß die Zellentemperaturen zu hoch werden und damit der Wirkungsgrad unnötig stark abnimmt.

Bei Außenanwendung sind bei nichtvergossenen Zellen solche Löcher an der Unterseite auch zur Verhinderung von Wasserdampfkondensation nötig.

Eine *einheitliche Farbauswahl bei den Anschlußkabeln*, Steckern und Buchsen hilft Fehlschaltungen und falsche Polungen vermeiden. (Besonders wichtig bei Ladegeräten und Radios!) Rot (evtl. auch gelb und orange) für Plusleitungen und Schwarz (evtl. auch blau u. a. dunkle Farben) für Minusleitungen.

Zerbrochene Solarzellen

Solarzellen sind als 0,3–0,5 mm dicke Kristallplättchen etwa genauso zerbrechlich wie gleich dünnes Glas. Auch bei vorsichtigem Umgang wird es sich auf die Dauer wohl kaum vermeiden lassen, daß hier und da mal eine Scheibe zerbricht. Aber sie sind dadurch nicht „kaputt", unbrauchbar und reif für den Mülleimer geworden! Meist werden die Bruchstücke auf der Vorderseite Reste des Kontaktliniengitters besitzen. Sind die Zinnlinien genügend dick (was bei den abgebildeten Segmentzellen fast immer der Fall ist), so läßt sich daran mit etwas Geschick wieder eine Anschlußstrippe festmachen. Bei der Rückseite ist das Anlöten sowieso kein Problem, da sie ganz verzinnt sind. Diese Bruchzellen lassen sich nach Ausmessen (s. nächster Abschnitt) wie andere Zellen für die passenden Zwecke einsetzten.

Probleme wird allenfalls die unterschiedliche Größe bei Reihenschaltungen der Teilzellen machen, da hierbei die schwächste Zelle den Gesamtstrom bestimmt.

Ist es kein allzu „komplizierter Bruch" gewesen oder ist die Zelle nur angebrochen, kann man sie von der Rückseite mit Klebeband „schienen" und an einer geeigneten Stelle auf der Vorderseite die getrennten Kontaktliniengitter mit etwas Kupferlitze und Lötzinn „vernageln". Manchmal wird es sogar noch einfacher sein, einen zweiten Anschluß anzulöten und die Kabel außerhalb der Zelle zusammenführen.

Geknickte oder zerbrochene Zellen lassen sich durchaus weiterverwenden. Oft gibt es preisgünstige Sonderangebote von solchen „Zellen mit Knacks". Der Preis beträgt oft nur die Hälfte.

Ausmessen von Solarzellen

für Bastler, die häufiger mit Solarzellen zu tun haben

Sei es, daß man ein günstiges Sonderangebot an 2.-Wahl-Solarzellen erstehen konnte, sei es, daß Zellen durch unvorsichtiges Löten oder Bruch beschädigt wurden, oder sei es, daß ein gerade gefertigter Generator nicht die erhoffte Leistung bringt, immer wieder wird der solare Modellbauer in die Verlegenheit kommen, die Qualität seiner Sonnenzellen ausmessen zu wollen. Folgendes einfache Verfahren ermöglicht eine genügend genaue Sortierung der guten ins Töpfchen und der Schlechten ins… in ein anderes Töpfchen.

Dazu legt man die zu messende Zelle mit der metallischen Rückseite nach unten auf eine

Alu- oder Kupferplatte. Das Blech wird mit dem einem Pol eines Vielfachmeßinstruments verbunden. In die andere Ausgangsbuchse stecken wir eine Meßstrippe, mit der dann jeweils an der Oberseite der Solarzelle an einer der Lötbahnen der Stromkreis geschlossen wird. Gemessen wird der *Kurzschlußstrom* und die *Leerlaufspannung*. Voraussetzung für vergleichbare Ergebnisse ist eine konstante Lichtquelle und eine einfache Möglichkeit zur dosierten Änderung der Beleuchtungsstärke (am besten Schreibtischlampe mit Schwenkarm).

Je nach Anwendungsfall werden sehr unterschiedliche Anforderungen an die Qualität von Solarzellen gestellt. Zur Konstruktion von La-

degeräten ist es notwendig, daß alle in Reihe geschalteten Zellen die gleiche Stromstärke erzeugen. Die schwächste Zelle bestimmt die Höhe der Gesamtstromstärke des Generators. Solargeneratoren sollen auch bei niedrigen Einstrahlungsleistungen noch die erforderliche Ladespannung zu Stande bringen. Nur wenn die Generatorspannung größer ist als die Akku-Spannung kann ein Ladestrom fließen.

D.h. Solarzellen, die den Anforderungen des Tests genügen, sollten vor allem für den Bau von Ladegeräten verwendet werden. Die anderen sind aber für Motorenantrieb und Direktversorgung von ohmschen Verbrauchern meist immer noch gut genug. Hierbei sind die Proble-

Kupfer- oder Aluplatte (blank)

Abb. 1.18: Meßplatz zum Ausmessen der Solarzellen

me der Fehlanpassung bei unterschiedlichen Beleuchtungsstärken (s. Kap. 1) meist viel größer als die Unterschiede zwischen einzelnen Solarzellen.

Zum Meßvorgang:

Messen des Kurzschlußstromes: erfolgt zwischen der Metallplatte und einer Lötbahn auf der Vorderseite der Solarzelle mit einem Milliamperemeter. Damit die Messungen untereinander vergleichbar sind, sollte die Stelle, an die die erste Zelle gelegt wird, markiert werden und jede weitere am gleichen Platz ausgemessen werden. Je nach Höhe des gemessenen Kurzschlußstroms können die Solarzellen in verschiedene Schachteln verteilt werden.

Nun wird man sicher später noch einmal neue Zellen ausmessen wollen und sie mit den alten aus den Schächtelchen vergleichen wollen. Um die Meßprozedur nicht für alle wiederholen zu müssen, ist es ratsam, schon beim ersten Mal eine Zelle quasi zur Referenz- und Eichzelle zu erklären. Ihre Kenndaten werden dann auf der Rückseite mit einem wasserfesten Filzstift eingetragen. Jedesmal, wenn wieder Solarzellen auszumessen sind, wird zunächst die Vergleichszelle an die markierte Stelle auf dem Blech gelegt und die Lichtquelle solange verschoben, bis am Meßinstrument die notierten Werte ablesbar sind. Nun kann man mit hinreichender Genauigkeit davon ausgehen, daß die Meßbedingungen den früheren entsprechen.

Messen der Leerlaufspannung erfolgt an den gleichen Meßpunkten wie zuvor, aber am besten, wenn die Strommessungen für alle Zellen abgeschlossen sind. Denn um die Spannung mit kritischen Bereich von geringen Beleuchtungsstärken messen zu können, muß die Einstellung der (Schreibtisch-) Lampe geändert werden – und zwar so, daß die Zelle noch etwa 2% ihres maximalen Kurzschlußstroms abgibt. Achtung! Nicht 2% *des Stroms* aus der 1. Messung, sondern *bezogen auf die Herstellerangaben über I_k bei 1000 W/qm* Einstrahlung. (D. h. bei der 3-Zoll-Achtelzelle z. B. Einstellen der Lampe auf einen Kurzschlußstrom von 3 mA). Dabei sollte die Helligkeit nicht durch Regelung mit einem „Dimmer" eingestellt werden, weil sich dadurch die Temperatur des Glühfadens und damit das Strahlungsspektrum erheblich ändert. Am einfachsten geht es durch Veränderung der Entfernung Meßplatz – Glühbirne bei der besagten schwenkbaren Schreibtischlampe.

Für die Meßgenauigkeit ist es ausreichend, wenn diese Einstellung nur einmal für alle zu messenden Zellen vorgenommen wird.

Gemessen wird nun, ob die jeweiligen Solarzellen bei dieser Beleuchtung eine Leerlaufspannung von 0,4 Volt erreichen können. Wenn dies der Fall ist, eignen sich die Zellen gut für Ladegeräte. Wenn nicht bleibt immer noch die Anwendung für Motorenantrieb o.ä. als Alternative.

2. Kapitel

Am Anfang war das Licht… und der Sonnenmotor

Die direkteste und sinnfälligste Demonstration von Sonnenstromerzeugung läßt sich immer wieder durch den Anschluß von Solarzellen an kleine Modellbau-Elektromotoren erzielen. Schon mit relativ kleinen und damit billigen Solarzellenflächen beginnen sich Flugzeugpropeller, Schiffsschrauben, Anti-Atomkraft-Plaketten u. ä. im Sonnenlicht zu drehen. Abschatten oder Abdecken der Sonnenzellen mit der Hand bringt die Drehbewegung zum Stillstand. Das Wegnehmen der Hand läßt den Motor wieder anlaufen. Eine Vorführung, mit der man stets aufs neue anderen zeigen kann, daß es funktioniert – die Stromerzeugung einzig und allein aus dem Sonnenlicht.

Deshalb wollen wir den praktischen Teil dieses Buches mit drei geradezu „klassischen" Varianten solar betriebener Kleistmotoren beginnen. – Drei Modelle, die bereits seit Jahren vieltausendfach ihre Betrachter wegen ihrer Einfachheit fasziniert haben: Der *„Solar Fan Cube"* mit Propellor; der *„Sonnenmotor"* mit Drehscheibe und der altbekannte *„Sonnenradler"*.

Der „Solar Fan Cube" mit Propellor

Eigentlich ist zu diesem Modell nicht viel zu erklären, denn sein Aufbau ist denkbar einfach und wohl schon aus dem Foto zu erkennen. Ein paar Solarzellen in Reihe geschaltet, diese mit einem schnelldrehenden Motor verbunden und fertig ist das Ganze. Und es funktioniert in besagter Weise: In die Sonne stellen – Propellor läuft – Abschatten mit der Hand – Propellor bleibt stehen – Wegnehmen der Hand – …
Man kann aber mit diesem Modell auch noch einiges mehr anstellen, z.B. Messungen machen über den Einfluß verschiedener Strahlungs-

Abb. 2.1.: Solarpropeller, statt einer großen Zelle besser mehrere kleine hintereinanderschalten

quellen und Intensitäten auf Strom und Spannung u. ä. Seit mehreren Jahren ist dieses in den USA industriell gefertigte Experimentiermodell fester Bestandteil des Angebots von US-Schullehrmittelfirmen.

Wesentlich vielseitiger und flexibler kann man jedoch beim Selbstbau solcher Sonnenventilatoren sein. Als Material verwendbar sind z. B. ein Mabuchi 2 V Spielzeugmotor (Anbieter s. Anhang) und passend dazu mindestens 3 Solarzellen vom Typ Sol 3-1/8 (bei voller Sonne). Wem es zu langweilig ist, die Einzelteile in ein Plexiglasgehäuse einzubauen, der kann den Propellor mitsamt Solarzellen und Motor auf ein kleines Modellflugzeug aus Balsaholz montieren und im Kreise fliegen lassen.

Trotz der Einfachheit dieser Sonnenpropellormodelle kann auch hier der Teufel im Detail stecken. Schon so mancher Versuch, mit einem Motor aus der Spielzeugrumpelkiste oder einem Sonderangebot aus dem Hobbygeschäft und einer soeben erstandenen Solarzelle ähnliches anzufangen, ist beim ersten Anlauf gescheitert. Warum und wann das Erfolgserlebnis ausbleiben kann, dem wollen wir im 3. Kapitel „Geeignete Motoren für Solarantrieb" genauer nachgehen.

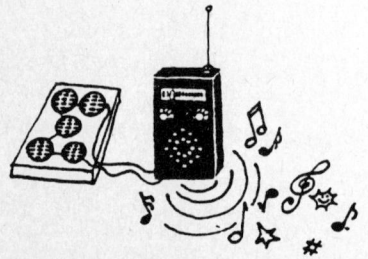

Der Sonnenmotor

Eine Silizium-Solarzelle erzeugt aus Sonnen- oder hellem, diffusem Tageslicht elektrischen Gleichstrom und treibt einen Präzisionsmotor an.

Bauteile: – *Silizium-Sonnenzelle* unterschiedlicher Fabrikate (Selenzellen sind ungeeignet). 1/8-Sektor aus 75 mm ø kostet ca. 4,55 DM.

– *Präzisionsmotor:* z. B. Faulhaber Mikromotor (± jeder DC-Typ läuft bei 0,2–0,3 Volt an und ist verwendbar).

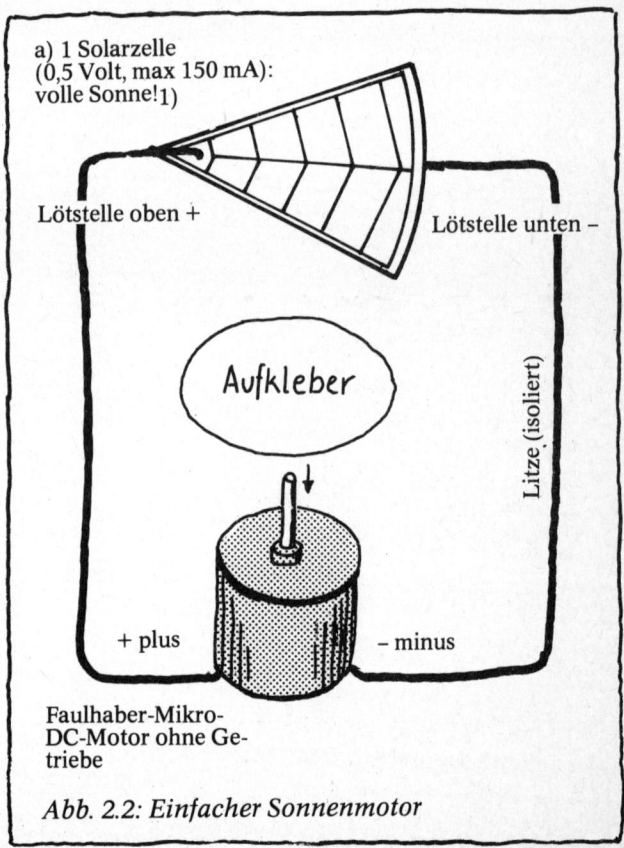

a) 1 Solarzelle
(0,5 Volt, max 150 mA):
volle Sonne!1)

Lötstelle oben +   Lötstelle unten –

Litze (isoliert)

Aufkleber

+ plus   – minus

Faulhaber-Mikro-
DC-Motor ohne Getriebe

Abb. 2.2: Einfacher Sonnenmotor

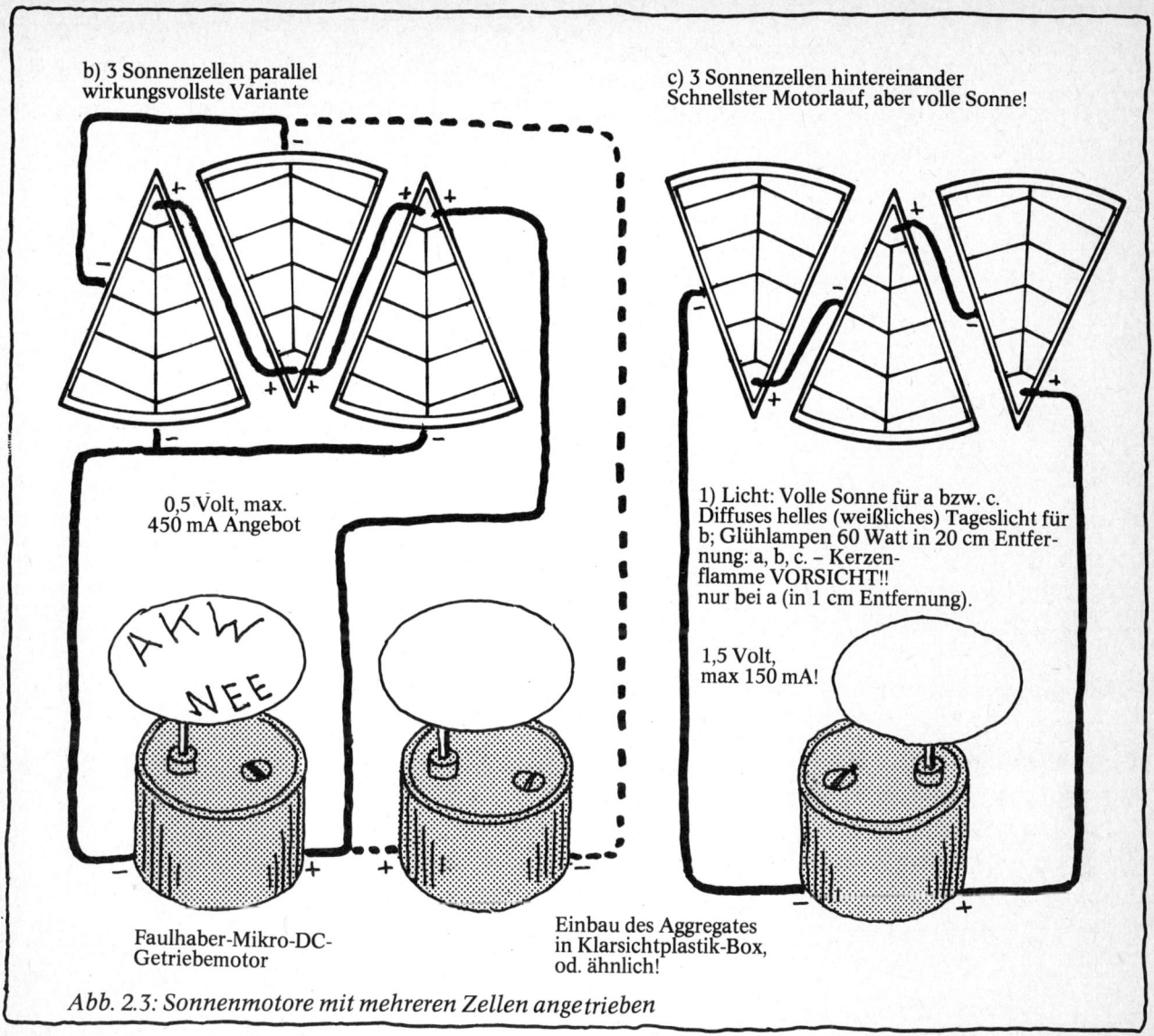

b) 3 Sonnenzellen parallel
wirkungsvollste Variante

c) 3 Sonnenzellen hintereinander
Schnellster Motorlauf, aber volle Sonne!

0,5 Volt, max.
450 mA Angebot

1) Licht: Volle Sonne für a bzw. c.
Diffuses helles (weißliches) Tageslicht für
b; Glühlampen 60 Watt in 20 cm Entfernung: a, b, c. – Kerzen-
flamme VORSICHT!!
nur bei a (in 1 cm Entfernung).

1,5 Volt,
max 150 mA!

AKW NEE

Faulhaber-Mikro-DC-
Getriebemotor

Einbau des Aggregates
in Klarsichtplastik-Box,
od. ähnlich!

Abb. 2.3: Sonnenmotore mit mehreren Zellen angetrieben

Zusammenbau: Man entscheidet sich für Variante a, (billig), am besten aber für Var. b: Läuft noch bei Wolkendecke, wenn es a und b nicht mehr tun. – Litzen abisolieren, vorverzin-nen, Kolophonium verrauchen lassen, mit 30 Watt-Lötkolben max 1 Sec. Litzen an Solarzelle löten (Radiolot). Keine Löttropfen auf Solarzellenkanten!

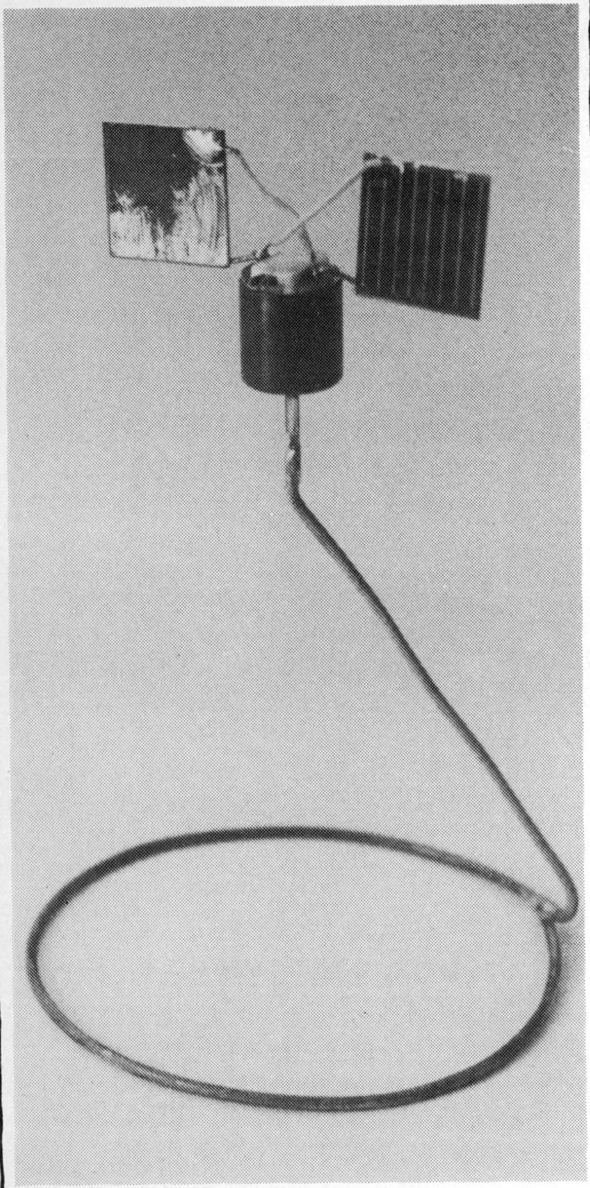

Abb. 2.4: Hier dreht ein Faulhaber-Motor ohne Getriebe die Solarzellen selbst.

Abb. 2.5: Auch hier drehen sich die Solarzellen mit.

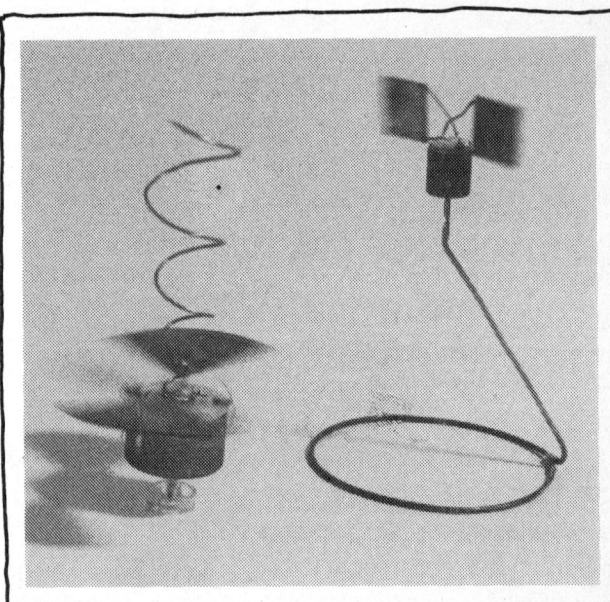

Abb. 2.6: Beide Modelle in Bewegung.

3. Kapitel

Geeignete Motoren für Solarantrieb

Kleine Gleichstrommotoren gibt es heute für vielerlei Modellbauanwendungen: Für Spielzeugautos, für Flugzeug- und Schiffsmodelle, für kleine Mühlen, Bergbahnen, Kräne, Raupenschlepper und Modelleisenbahnen, aber auch für technische Geräte wie Drehzahlmesser, Miniaturbohrmaschinen, Cassettenrecorder usw.

Doch längst nicht alles, was sich da, meist mit kleinen Batterien bestückt, dreht und fortbewegt, ist auch für den Solarbetrieb ohne weiteres geeignet. Sicher, mit der entsprechend großen Anzahl von Solarzellen läßt sich so gut wie alles in Bewegung setzen.

Doch wenn man zu erschwinglichen Preisen funktionierende Solarmodelle bauen will, dann muß man schon vorher genauer prüfen, welche Spannungen und vor allem Ströme die jeweiligen Kleinmotore benötigen. Dabei wird man immer wieder die Erfahrung machen, daß das, was sich durch den Kauf eines billigeren Motors einsparen läßt, für ein Mehr an Solarzellen wieder ausgegeben werden muß. Und umgekehrt. Dieses Kapitel will dabei helfen, für die verschiedenen Anwendungen die günstigsten Kompromisse zu finden.

Betriebsspannung

Die kleinen Leistungen, die preiswerte Bastelsolarzellen auch bei voller Sonne nur anzubieten haben, stellen an die Eigenschaften der Motoren besondere Anforderungen.

Das erste Problem ist das der *Spannung*, die notwendig ist, um den Motor zu betreiben. Es gibt praktisch kaum Mini-E-Motoren, die auf Nennspannungen von 0,5 bis 1 Volt (1–2 Solarzellen in Serie) ausgelegt sind. Das größte Angebot findet sich zwischen 6 und 12 Volt. Müßte man für jedes Solarmobil solche Spannungen erreichen, würde das aufgrund der großen Anzahl von Solarzellen schnell zu einer sehr kostspieligen Angelegenheit.

Nun ist es aber so, daß sich die meisten Motoren auch mit erheblichen Unterspannungen betreiben lassen. Sie laufen dann nur entsprechend langsamer und bringen eine geringere mechanische Leistung. Wenn ein solcher Betrieb eines in Frage kommenden Motors möglich ist, entschärft sich damit das Spannungsproblem. Denn es war ja gerade unser Ziel, die Modelle mit kleinen Solarzellenleistungen und -spannungen laufen zu lassen.

Nun sieht man es den Motoren aus der Sonderangebotskiste im Elektronikladen nicht mit einem Blick an, ob sie schon mit 0,4 V laufen können, auch wenn sie als 4 oder 6 V-Motoren ausgezeichnet sind. Eine Überprüfung kann am einfachsten erfolgen, indem man den Motor mit einem Ni/Cd-Akku, der mit einer Siliziumdiode in Reihe geschaltet ist, verbindet. Ein NC-Akku bringt im geladenen Zustand ca. 1,2 V und eine Siliziumdiode nimmt in Durchlaßrichtung dahinter geschaltet 0,7 V Spannung weg, so daß 0,5 V für den Motor übrigbleiben.

Anlaufstrom

Wenn wir nun schon mal beim Ausmessen sind, können wir auch dem schwierigsten Problem bei der Motorenauswahl mit dem Meßgerät zu Leibe rücken: dem *Anlaufwiderstand*. Jeder Motor braucht, um überhaupt erst mal in Gang zu kommen und auf die Nenndrehzahl zu beschleunigen einen höheren Strom als im späteren Dauerlauf. Besonders hoch sind diese nötigen Anfangsstromstärken z.B. bei billigen Spielzeugmotoren. Das ist bei Batteriebetrieb – für den sie ja meist gebaut sind – kein besonderes Problem, da diese im geladenen Zustand durchaus kurzzeitig das 10–100fache ihres normalen Entladestromes abgeben können (vgl. Starten beim Auto).

Eine Solarzelle ist aber in dem, was sie dem Motor an Leistung anbieten kann, begrenzt durch das aktuelle Sonnenenergieangebot auf ihre Fläche.

So kann es dann passieren, daß der Motor erst gar nicht anläuft, besonders bei wenig Sonnenstrahlung.

Was ist also zu tun? Der sicherste Weg ist die Verwendung von (Faulhaber-) Präzisionsmotoren. Viele Bauanleitungen in diesem Buch basieren auf dem Einbau dieser Mikro-Motoren, die bereits bei 0,2–0,4 V und 20–40 mA anlaufen. D.h. sie können zumindest bei Sonnenschein schon mit einer einzigen 1/8-Zelle betrieben werden. Z.T. sind diese Motoren auch mit unterschiedlichen Aufsteckgetrieben erhältlich, so daß sie auf verschiedene gewünschte Drehzahlen angepaßt werden können. Doch: Diese Motoren sind nicht gerade billig. Kostenpunkt: 20–35 DM.

Wer diese Geldausgabe (zunächst) vermeiden möchte, kann sich in Elektronik- und Hobbyläden nach preiswerteren kleinen Gleichstrommotoren umschauen. (Restposten gibt es häufig unter 5,– DM) oder alte Motoren aus Spielzeugautos, Cassettenrecordern, Uhrwerken usw. ausbauen. Die praktische Eignung läßt sich an Hand folgender Tests überprüfen:

● *Fühlen:* Beim Drehen der Motorachse von Hand darf kein Widerstand spürbar sein. Wenn der Motor beim Andrehen „klebt", dann ist damit zu rechnen, daß der nötige Anlaufstrom 3–5 mal so groß ist wie der Leerlaufstrombedarf, d.h., daß wahrscheinlich eine größere Anzahl von Solarzellen erforderlich ist.

● *Messen:* Ein geeigneter Modellbaumotor sollte im Leerlauf bei ca. 0,4 V Spannung nicht mehr als 30 mA Strom benötigen. Der Innenwiderstand der Motorwicklung sollte darüberhinaus so klein sein, daß die Stromaufnahme des *festgehaltenen* mindestens doppelt so groß ist wie der Strom bei *leerlaufendem* Motor. Gut ist ein Verhältnis von 5:1 und größer. Ansonsten besteht die Gefahr, daß das Modell hinterher immer einen Stubs braucht um anzulaufen. Die Messung erfolgt wie zuvor mit einem NC-Akku plus Si.-Diode als konstante Spannungsquelle. (Eine alte Einweg-Kohle-Zink-Batterie tut es zur Not auch, wenn sie noch ca. 1/2 Volt Spannung abgeben kann). Mit einem Amperemeter wird der Stromfluß bei laufendem und festgehaltenem Motor gemessen und die Ergebnisse mit den obigen Sollwerten verglichen.

Kraft und Drehzahl

Mikromotoren haben in der Regel sehr hohe Drehzahlen (einige tausend Umdr. pro Minute im Leerlauf). Das gilt insbesondere für nicht untersetzte Billigmotoren. Diese Eigenschaft setzt ihrer Anwendung allerdings sehr enge Grenzen. Schnellaufende Motoren können allenfalls zum Antrieb eines Propellors oder einer rotierenden Scheibe Anwendung finden. Für Kraftantriebe, d.h. für die meisten Modellbauzwecke, sind sie nicht zu gebrauchen. Bei sonst gleichen Bedingungen verhalten sich Drehzahl und Kraft eines Motors umgekehrt proportional zueinander. Je kleiner die Drehzahl desto größer die Kraft, die der Motor entwickeln kann und umgekehrt.

Trotz der 20–40% Verluste, die z.B. Aufsteckgetriebe mit sich bringen, sind Untersetzungen in der Regel von Vorteil oder sogar notwendig, um die Modelle zum Laufen zu bringen.

Sehr zuverlässig und robust sind auch die Mikromotoren mit fest eingebautem Getriebe (10:1 bis 76:1).

Woher bekommt man die Motoren?

Fast alle großen Elektronikversender haben ein breites Angebot an Faulhaber-Mikromotoren. Ein Katalog mit Beschreibungen der verschiedenen Varianten ist bei Faulhaber selber zu beziehen (Adressen s. Anhang). Aber Vorsicht! Von den Elektronikversendern werden nicht selten Billigmotoren als sog. „Solarmotoren" angeboten, die sich für Kraftantriebe *nicht* eignen. Das gleiche gilt für Sonderangebote in Hobby- und Elektronikläden.

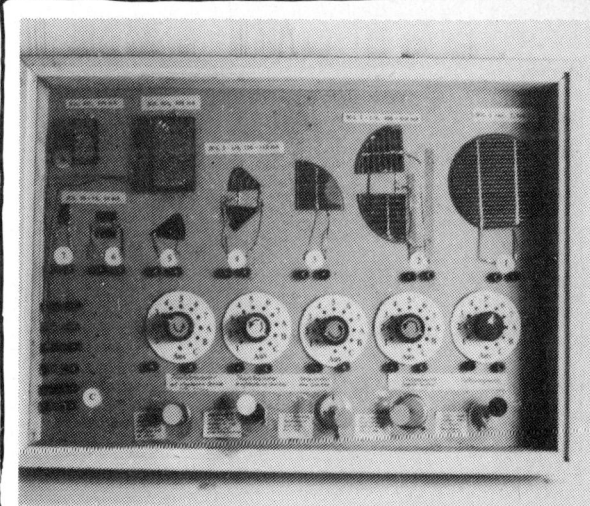

Abb. 3.1: Mit Hilfe unseres „Motor-Testfeldes" können wir ausprobieren, mit welchen Solarzellen ein Motor gut läuft, bzw. anläuft. Meist nicht gut laufen Spielzeugmotore, besser sind Morore aus Kasettenrekordern und auch Faulhaber-Mikromotoren, die man manchmal auch als preiswerte Sonderangebote erhält.

Abb. 3.2: Hubschraubermodell, als Bausatz erhältlich, mit Billigmotor und gekapselter Solarzelle.

Abb. 3.4: Dies Mini-Fahrzeug wird von zwei Faulhabermotoren angetrieben. Eine sinnreiche Mechanik bewirkt, daß sich jedesmal die Fahrtrichtung umkehrt, wenn er irgendwo gegenfährt.

Abb. 3.3: Einrad-Radler mit Faulhaber-Motor mit Aufsteckgetriebe.

Abb. 3.5: Ein Faulhaber-Motor mit aufsteckgetriebe (1:261) treibt eine kleine Spielorgel mit Walze an. Auf einem Holzbrett als Resonenzkörper montiert, tönt sie ziemlich laut.

4. Kapitel:

Prädikat besonders wertvoll – Solarmobiles aus Silberdraht

Mittlerweile sind sie vielerorts zu sehen, die Sonnenradler und -turner, Solarflieger...: Solarmobiles aus Silberdraht. Was als pfiffige Idee der ersten Solarbastler begann, ist auf dem besten Wege, für die gutbetuchte Kundschaft von Boutiquen und noblen Einrichtungshäusern vermarktet zu werden. In tadelloser Verarbeitung und exquisitem Design radeln, turnen, fliegen... sie für den Fortschritt des sanften Weges der Energieversorgung! Oder?

Diese teure, trendgemäße Dekoration für das Schickeria-Wohnzimmer hat mit den Solarmobiles, die wir in diesem Kapitel vorstellen wollen, nur das Arbeitsmaterial und den Sonnenstromantrieb gemeinsam. Wir wollen Anregungen geben, selber solche kleinen Kunstwerke aus Silber- oder auch Messingdraht zu erfinden und zu bauen. Der eigenen Phantasie und Kreativität sind da keine Grenzen gesetzt.

Motoren und Solarzellengröße können nach den Tips in Kapitel 1 und 3 ausgewählt werden.

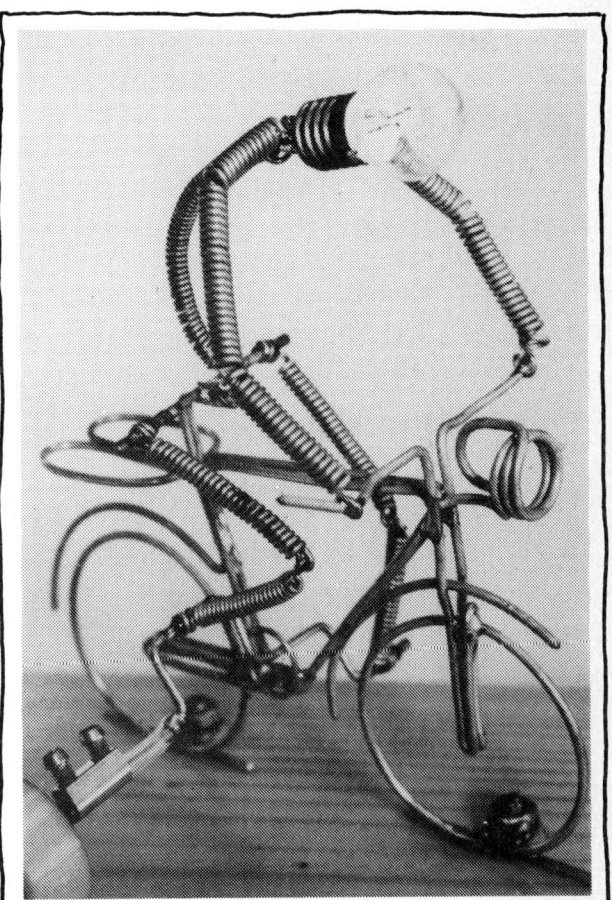

Abb. 4.1: Nackter Radler; auch als Bausatz erhältlich.

Bauanleitung für den Sonnenradler

Für den Nachbau sind nur die Konstruktionselemente mit den aufgehängten Beinen und Antriebskurbelwelle wichtig. Die anderen Teile können relativ frei gestaltet werden.

Wir haben Ihnen jedoch, um Ihnen die Arbeit zu erleichtern, eine Biegeschablone angefertigt. Auf der Biegeschablone haben wir vermerkt, welcher Draht für die einzelnen Elemente zu verwenden ist.

Die Drahtspiralen stellen Sie bitte aus dem Silberdraht 1,2 mm ø her. Wir empfehlen die Spirale auf einen 2 mm Bohrer oder Nagel als Spirale zu wickeln. Bei den Beinteilen ist darauf zu achten, daß die Spirale, die über die Kurbelwelle geschoben wird, mindestens zwei bzw. drei Windungen haben muß, um eine Stabilität des Beines zu erreichen. Achten Sie bei der Montage der Beinteile darauf, daß wenn die Kurbel unten steht Ober- und Unterschenkel in einem Winkel 120–140° Grad stehen, die Beinteile dürfen auf keinen Fall ganz gestreckt werden, da sonst das Gelenk nach hinten durchknickt.

Die Tretkurbel braucht nicht in einem Stück gebogen werden. Sie können diese in zwei Teilen biegen und zusammenlöten.

Von einer dreipoligen Lüsterklemme trennen Sie eine Klemme ab und entfernen den Kunststoffmantel, sodaß nur noch die Klemme übrig bleibt; diese wird für die Verbindung zwischen Motor und Kurbelwelle benötigt.

Bei der Montage der Beinteile ist auf größte Leichtgängigkeit zu achten. Je genauer diese Teile gearbeitet sind, um so leichter läuft das Modell.

Die Solarzelle sollte in ein durchsichtiges Schächtelchen eingepackt werden.

Der Motor läuft sowohl bei Sonnenlicht, Glühlampenlicht und bei entsprechender Tageshelligkeit. Bitte achten Sie auf die richtige Polung. Bei Vertauschen der Anschlußdrähte zum Motor, fährt der Radfahrer rückwärts.

Der Motor mit dem Getriebe 76:1 ist ein Präzisionserzeugnis der Feinwerktechnik.

Bitte justieren Sie den Motor sehr sorgfältig, damit keine unnötigen Seiten- oder Zugbelastungen auftreten.

Stückliste:
1 Lüsterklemme
1 Spezial-Getriebemotor 76:1
1 Solarzelle
1 Glühlampe
Silber- oder Messingdraht 1,2 mm
Silber- oder Messingdraht 1,5 mm
etwas Kupferlitze

Sonnenradler

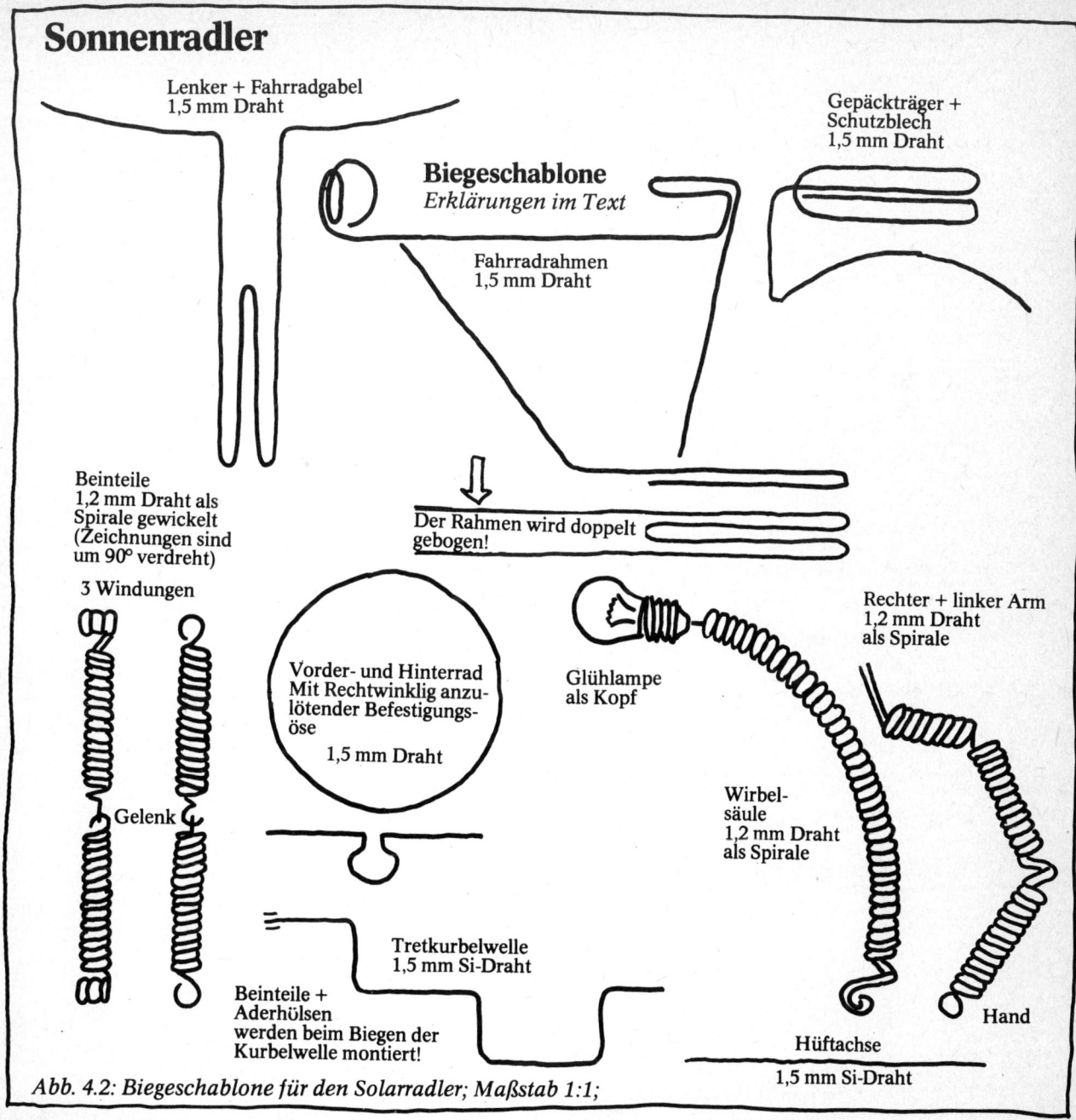

Lenker + Fahrradgabel
1,5 mm Draht

Gepäckträger +
Schutzblech
1,5 mm Draht

Biegeschablone
Erklärungen im Text

Fahrradrahmen
1,5 mm Draht

Beinteile
1,2 mm Draht als
Spirale gewickelt
(Zeichnungen sind
um 90° verdreht)

3 Windungen

Der Rahmen wird doppelt
gebogen!

Rechter + linker Arm
1,2 mm Draht
als Spirale

Gelenk

Vorder- und Hinterrad
Mit Rechtwinklig anzu-
lötender Befestigungs-
öse

1,5 mm Draht

Glühlampe
als Kopf

Wirbel-
säule
1,2 mm Draht
als Spirale

Tretkurbelwelle
1,5 mm Si-Draht

Beinteile +
Aderhülsen
werden beim Biegen der
Kurbelwelle montiert!

Hand

Hüftachse
1,5 mm Si-Draht

Abb. 4.2: Biegeschablone für den Solarradler; Maßstab 1:1;

Sonnenradler

Erklärungen im Text

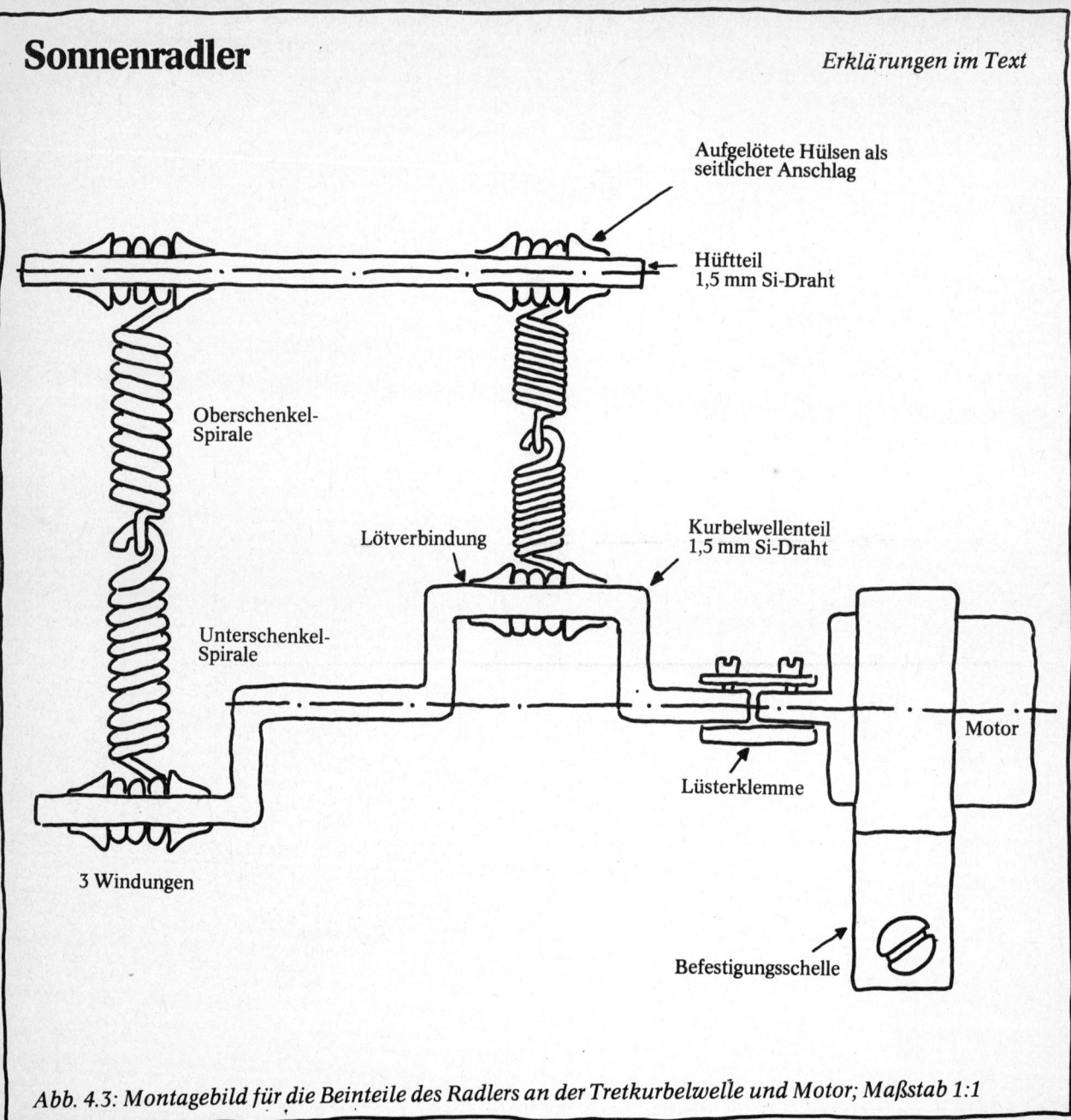

Aufgelötete Hülsen als
seitlicher Anschlag

Hüftteil
1,5 mm Si-Draht

Oberschenkel-
Spirale

Lötverbindung

Kurbelwellenteil
1,5 mm Si-Draht

Unterschenkel-
Spirale

Motor

Lüsterklemme

3 Windungen

Befestigungsschelle

Abb. 4.3: Montagebild für die Beinteile des Radlers an der Tretkurbelwelle und Motor; Maßstab 1:1

Abb. 4.4: Ein radelnder Solarclown.

Bauanleitung für Schmetterling

Bitte nehmen Sie sich Zeit beim Bau des Schmetterlings. Die einzelnen Teile müssen sorgfältig gebogen werden, damit das Modell leicht läuft. Fangen Sie wie folgt an:

1. Nehmen Sie den Motor und machen Sie die Vorderseite, auf der sich die Steckachse befindet, fettfrei und kratzen Sie mit etwas Schmiergelpapier bzw. mit einer kleinen Feile eine waagerechte Fläche von ca. 1–2 mm auf der ganzen Breite frei, sodaß diese Fläche leicht lötbar wird. In der Skizze am Motor mit einer gestrichelten Linie Punkt 1 bezeichnet.

Dann biegen Sie zuerst Teil A 0,8 mm Silberdraht; wickeln Sie diesen Teil auf einen ca. 1,8 bis 2 mm starken Dorn mit ca. 15 Windungen und biegen Sie die Achse ab, wie auf der Skizze zu ersehen. Der max. Abstand darf 2 mm betragen, damit das Modell noch leicht läuft. Stecken Sie dann Teil A auf die Achse des Motors, aber so, daß Sie nicht das Teil A an das Gehäuse pressen, sondern das ca. 1/2 mm zwischen Teil A und Gehäuse vom Motor bleibt, damit der Motor leicht gängig laufen kann und drücken Sie mit einer Zange den Silberdraht an. Danach biegen Sie Teil B 1,2 mm Draht wie aus der Schablone ersichtlich, allerdings lassen Sie die Fühler noch gerade und biegen Sie diese noch nicht um. Sie können diese Teile selbstverständlich auch länger wie 70 mm oder kürzer machen. Dann biegen Sie die Teile C 1 und C 2, 0,8 mm Silberdraht. Achten Sie jedoch darauf, daß Sie mindestens 20 Windungen für die Spirale verwenden. Nachdem Sie die Spirale auf einen 1,5 mm starken Dorn gewickelt haben, biegen Sie bitte die Achse C a. Die max. lichte Weite darf max. 3 mm betragen. Bei der Kennzeichnung C b löten Sie diese Achse mit wenig Lötzinn an die Spirale und biegen dann den Wendel der später den Flügel halten soll. Mit der Herstellung des zweiten Wendels verfahren Sie genauso.

Danach nehmen Sie Teil B und löten diesen waagerecht auf den vorbereiteten Motor, stecken dann die Hülsen, die dem Bausatz beiliegen, auf; der Kragen muß zum Fühler hinzeigen, danach stecken Sie bitte die Wendel über die Antriebsachse bzw. über Teil A (die Antriebsschenkel vorne zum Fühler) s. Skizze. Nun schließen Sie den Motor entweder an die Solarzelle oder an eine 1,5 Volt Batterie an (auf die Polung braucht nicht geachtet zu werden) und prüfen Sie, ob die Mechanik leicht anläuft. Wenn dies der Fall ist, schieben Sie bitte die Lötösen mit dem Kragen zum Motor über die Fühler und löten Sie auf die Lötösen auf den Fühlern ca 1 mm vor den Wendeln C 1 und C 2 an. Löten Sie die Löthülsen nur ganz kurz an der Seite ohne Kragen, sodaß kein Lötzinn in die Mechanik laufen kann. Nun können Sie die Fühler entsprechend der Skizze biegen.

Den Ständer fertigen Sie wie folgt: Indem Sie den Silberdraht um die Verpackungsdose herumbiegen und ca. 1 cm über der Dose die beiden Drähte zusammenlöten. Dieses muß links oder rechts neben dem Loch, aus dem die Zuleitungen von der Solarzelle kommen, geschehen. Dann wickeln Sie den Draht spiralförmig um den ca. 10 bis 16 cm langen Ständer an dem der

Motor befestigt ist. Der Motor ist wie folgt zu befestigen: Mit etwas Sandpapier bzw. mit einer Feile die Stelle links oder rechts neben dem Getriebe fettfrei machen und bearbeiten, den Motor an dieser Stelle kurz vorverzinnen und den Motor anlöten. Bitte darauf achten, daß kein Lötzinn in die Antriebswelle oder an die Mechanik kommt. Dann wickeln Sie die Zuleitung spiralförmig bis zum Motor und führen dann die beiden Anschlüsse nach hinten und löten diese am Motor fest. Der Ständer muß nicht unbedingt gerade sein, sondern kann auch leicht geschwungen gebogen werden.

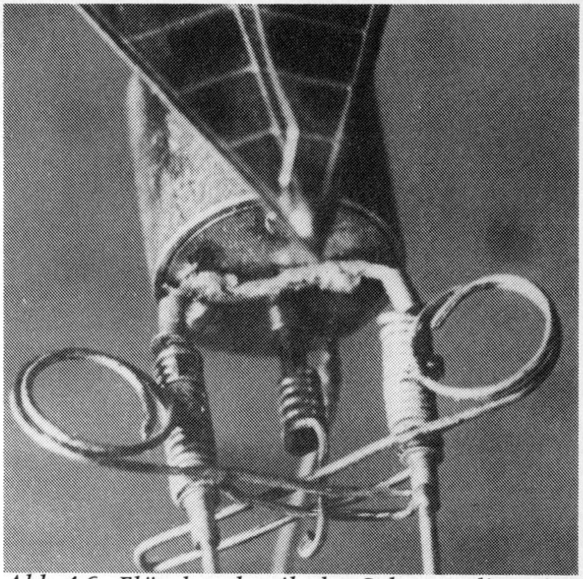

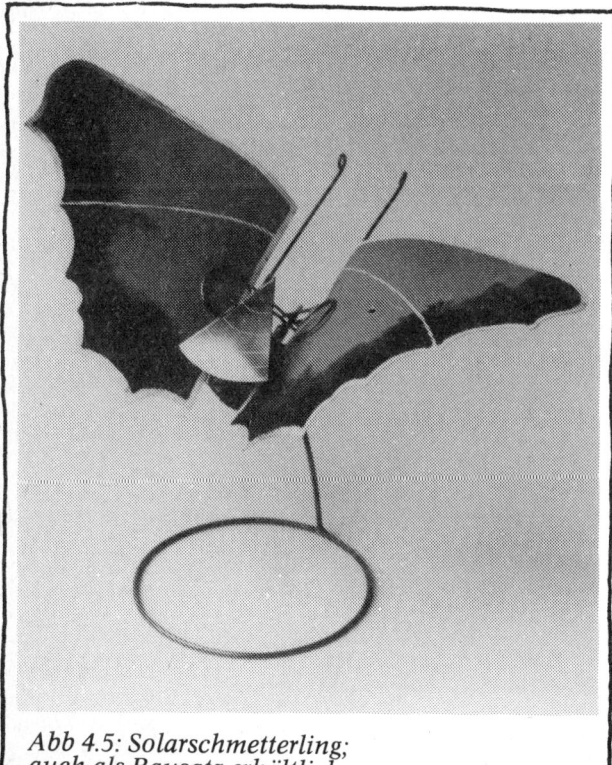

Abb. 4.6: Flügelmechanik des Schmetterlings im Detail.

Abb 4.5: Solarschmetterling; auch als Bausatz erhältlich.

Stückliste:
1,2 m versilberter Draht 0,8 mm
30 cm versilberter Draht 1,2 mm
60 cm versilberter Draht 1,5 mm
Die Teile A, C 1 und C 2 werden aus dem Silberdraht 0,8 mm gebogen
Das Teil B wird aus Silberdraht 1,2 mm gebogen
Der Ständer wird aus Silberdraht 1,5 mm gefertigt.
4 Lötösen
1 Spezialmotor/Getriebe
1 Solarzelle mit Anschlußdrähten
2 bemalte Flügel
1 Hülse für die Antriebswelle
1 Verpackungsdose (Petrischale ca. 100 mm ⌀)

Solarschmetterling

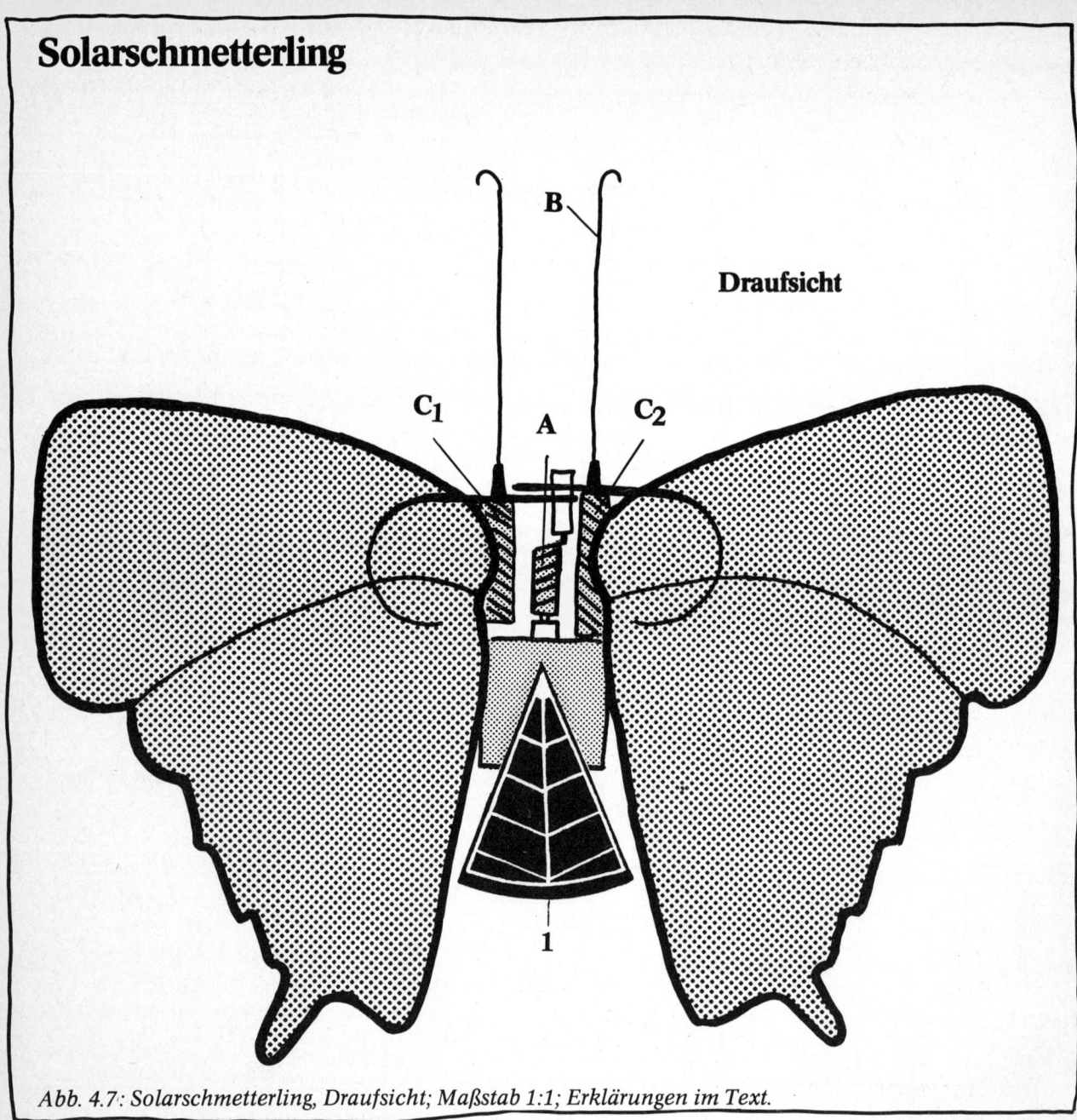

Abb. 4.7: Solarschmetterling, Draufsicht; Maßstab 1:1; Erklärungen im Text.

Solarschmetterling

Biegeschablone für den Solarschmetterling; Maßstab 1:1

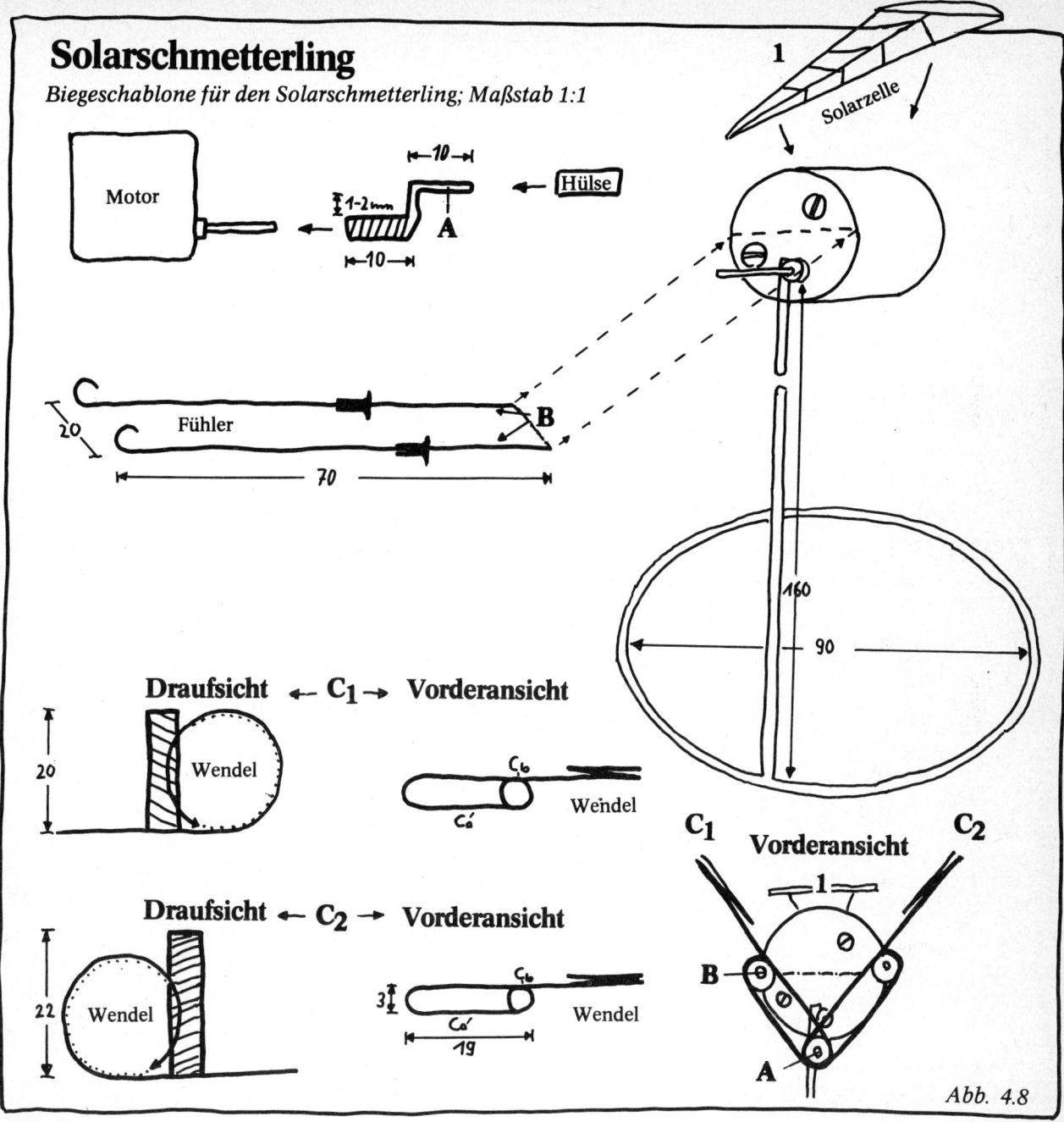

Motor

Hülse

10

1-2 mm

10

A

Fühler

20

70

B

1

Solarzelle

160

90

Draufsicht ← C₁ → **Vorderansicht**

20

Wendel

Wendel

C_b

C_a

Draufsicht ← C₂ → **Vorderansicht**

22

Wendel

Wendel

C_b

C_a

3

19

C₁   **Vorderansicht**   C₂

1

B

A

Abb. 4.8

Abb. 4.9: Auch hängende Schmetterlinge sind sehr dekorativ. Sie schwingen auf und ab und machen sich z. B. im Rückfenster des Autos gut.

Abb. 4.10: Kleine solargetriebene Windmühle. Als Verbindung von Motor zu dem Anzutreibenden eignen sich oft auch gut Minibuchsen 2 mm ø (z. B. MBu. 1)

Abb. 4.11: Große Windmühle mit Oktahedronturm. Durch geschicktes kolorieren der Flügel lassen sich schöne Farbspiele erzeugen, wenn das Windrad sich dreht.

Abb. 4.12: Ein kleines Kunstwerk aus einem alten Uhrwerk.

Abb. 4.13: Hier radelt ein Krokodil

Abb. 4.14:   Nochmal ein Radler

Abb. 4.15: Erde und Sonne

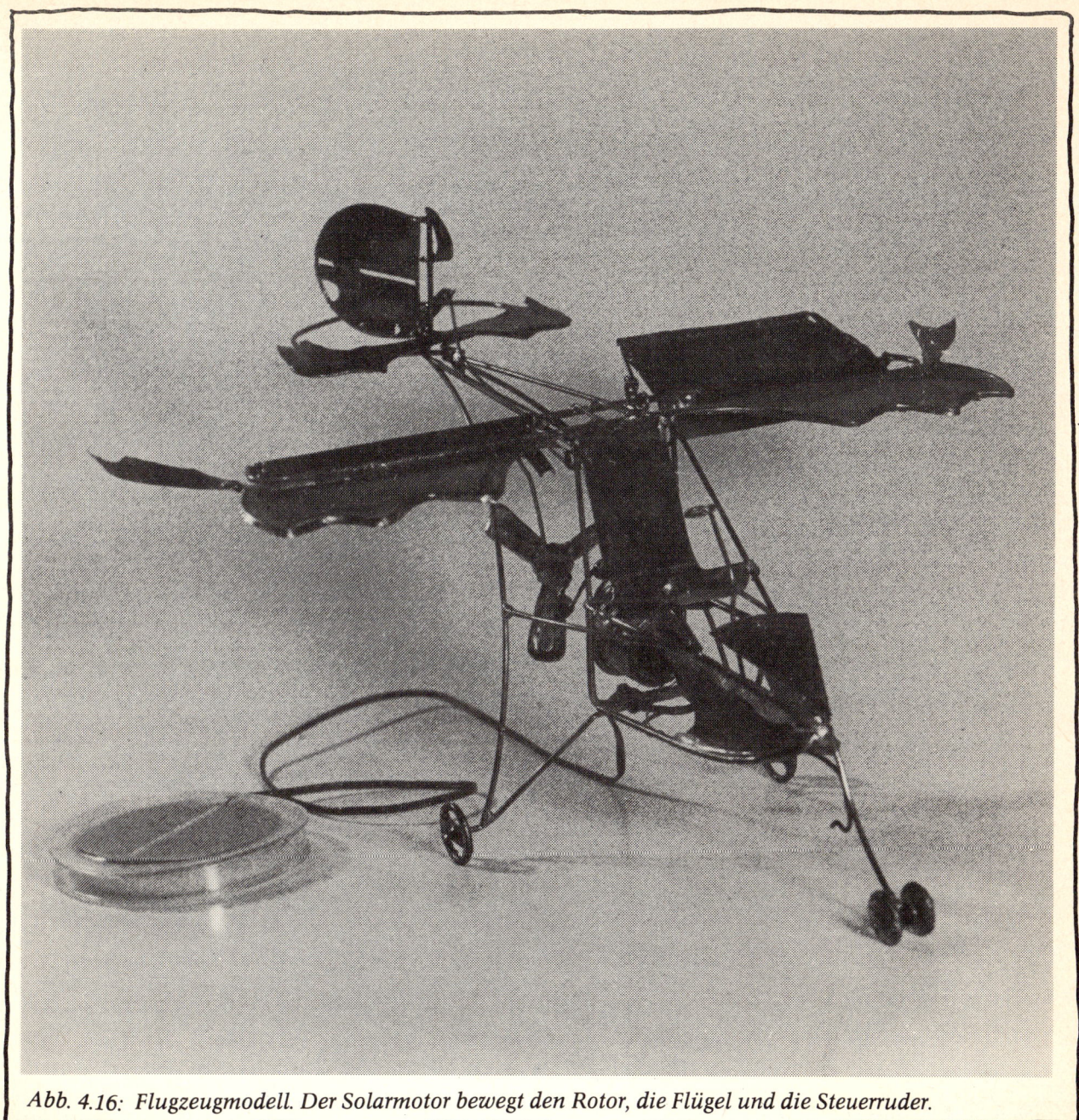

Abb. 4.16: *Flugzeugmodell. Der Solarmotor bewegt den Rotor, die Flügel und die Steuerruder.*

Abb. 4.17: Leierkastenmann

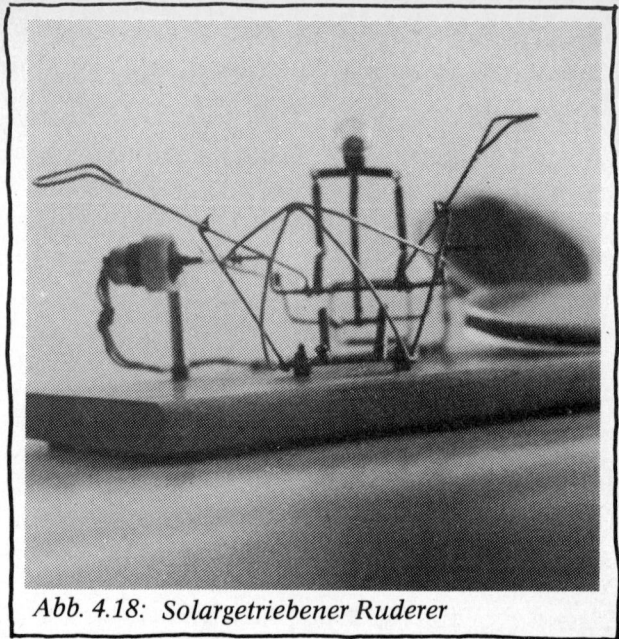

Abb. 4.18: Solargetriebener Ruderer

5. Kapitel

Demonstrationsmodelle für einen Infostand

Um ein Sonnenfreund zu sein, ist es nicht notwendig, ein technischer Experte zu werden, und um für die verstärkte Förderung von Energiealternativen zu plädieren, braucht man nicht zum kühlen Rechner zu werden.

Der „Spaß an der Freud", die Faszination des „Einfach-Funktionierenden", etwas Witz und Humor sind die wesentlichsten Voraussetzungen für das Bauen von Demonstrationsmodellen, wie sie in diesem Kapitel vorgestellt werden. Nicht an praktischer Nützlichkeit oder geradliniger Umsetzbarkeit in große Dimensionen sollten sie gemessen werden. Auch „künstlerischer Wert" oder ausgewogene Formschönheit waren nicht die Kriterien ihrer Erbauer. Aus Alltags- und Altmaterialien mit einfachen Mitteln und Techniken hergestellt, sollen die folgenden Modelle von möglichst vielen großen und kleinen Bastlern leicht nachzubauen und weiterzuentwickeln sein.

Ausgangspunkt für die meisten Ideen war dar überhinaus die Erfahrung, daß aus dem Informationsstand einer Umweltgruppe, an dem sonst die meisten achtlos vorübergehen, schon durch einen simplen Sonnenmotor mit Dreh-scheibe eine Passantenattraktion in der Fußgängerzone werden kann. Mit allerlei tönenden und sich bewegenden Gerätschaften die Betrachter zum Nachdenken und aber auch zum Schmunzeln anzuregen, das ist die hauptsächliche Absicht der Sonnenstrommodelle in diesem Kapitel.

Abb. 5.1: Rotierender Aufkleber; mit 4–1/4 Solarzelle und Kasettenrekordermotor, dreht sich sehr leicht.

Solarblume

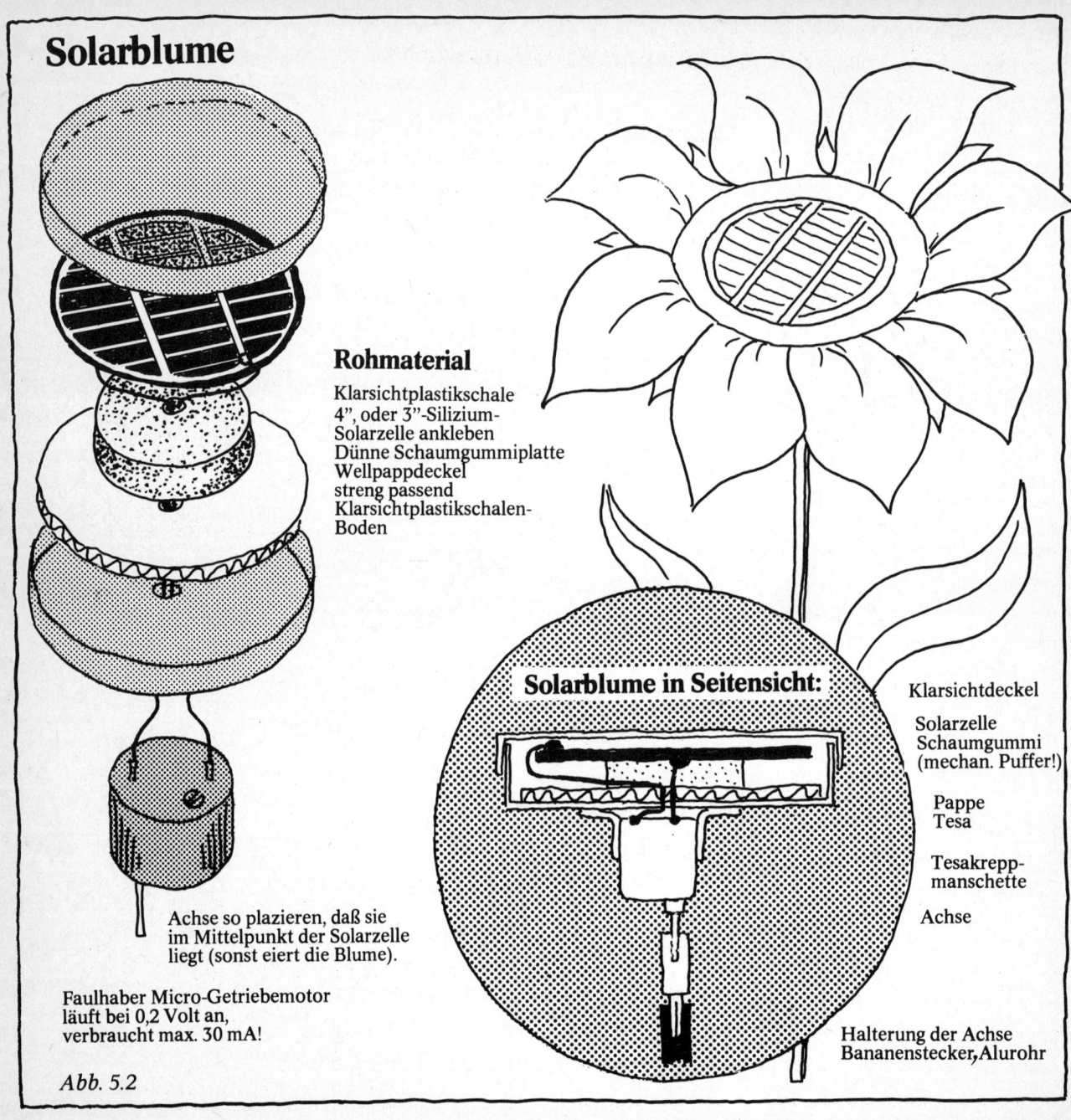

Rohmaterial

Klarsichtplastikschale
4", oder 3"-Silizium-
Solarzelle ankleben
Dünne Schaumgummiplatte
Wellpappdeckel
streng passend
Klarsichtplastikschalen-
Boden

Solarblume in Seitensicht:

Klarsichtdeckel

Solarzelle
Schaumgummi
(mechan. Puffer!)

Pappe
Tesa

Tesakrepp-
manschette

Achse

Halterung der Achse
Bananenstecker, Alurohr

Achse so plazieren, daß sie
im Mittelpunkt der Solarzelle
liegt (sonst eiert die Blume).

Faulhaber Micro-Getriebemotor
läuft bei 0,2 Volt an,
verbraucht max. 30 mA!

Abb. 5.2

Das Mikro-Solarmobil mit 4-Zoll-Sonnenzelle

Einzelteile

Klarsicht-Plastikschale
4 Zoll = 10 cm-Solarzelle
rundes Blechstück

Löcher für 3 M-Schrauben

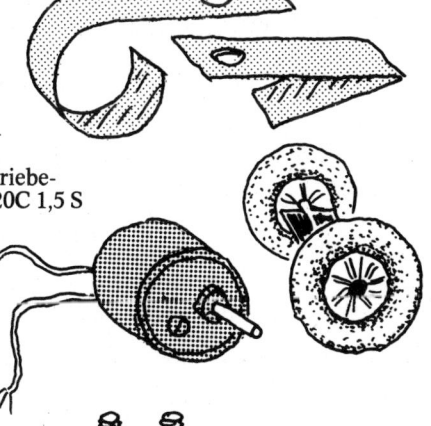

2 Blechbänder
Radiolitze
Spielzeugauto-
Achse
Faulhaber-Getriebe-
motor z. B. 2020C 1,5 S

M 3-Metallschrauben + Muttern
evtl. Beilagscheiben

Abb. 5.3

Fertig montiert, von der Seite:

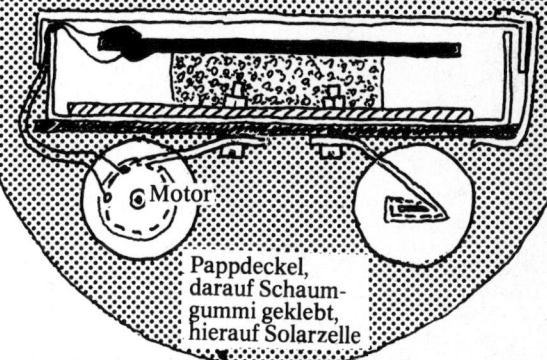

Pappdeckel,
darauf Schaum-
gummi geklebt,
hierauf Solarzelle

Motor

Fertig montiert, von unten:

Der Motor sollte immer unter dem
Schwerpunkt des Wägelchens sein.

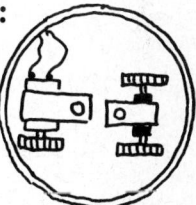

Variante mit 3 Achsen, von unten gesehen

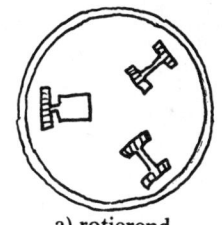

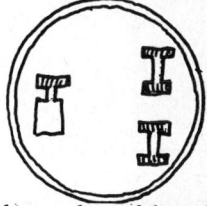

a) rotierend

b) geradeaus fahrend:

Das Sonnenschiffchen

Material:

1.) (Faulhaber)-Getriebemotor 15:1 (0,2–0,3 V Anlaufspannung, ca. 20 mA)
2.) Sonnenzelle (50), 75, am besten 100 mm ø.
3.) Klarsichtplastik-Petrischale (bis 12 cm ø, 2 cm hoch).
4.) Dünne (5 mm) Schaumgummiplatte.
5.) Dünne vieladerige Radio-Litze.
6.) Styropor- od. Korkplatte 2 cm dick, 15 cm ø(kreisförmig!).
7.) (Isolierten) dicken Kupferdraht aus alten 220 V-Leitungen.
8.) Blechband (Verpackung von Brikett-, Bretter- usw. Bündeln).

Zusammenbau:

15 cm lange (rote) Litze an *Plus-Seite der Solarzelle* anlöten. – (Grüne, schwarze od. blaue) Litze auf *Minus-Seite* anlöten (ca. 1/2 sec. Lötzeit bei 30 Watt; Drahtenden vorverzinnen; Kolophonium knapp verrauchen lassen, wenn auf Oberseite gelötet wird!; Lötstellen nie genau untereinander, sondern ca. 2 cm entfernt!).

Litze an den *Motorpolen* so anlöten, daß die *Schraube sich richtig herum dreht.*

Motor in Blechbandschlaufe haltern und das ca. 10 cm überstehende Bandende verwinkeln, so daß die Außenbordmotor-Schrägung entsteht. (Klebeband-) Befestigung auf Unterseite der Petri-Plastikschale.

Sonnenzelle auf 1/2 Zellen-ø-großen Schaumgummifuß mit Pattex kleben, diesen wiederum auf dünnen Karton (vom Innen-ø des Petrischalenbodens).

Motor-Achse durch Isolierschlauch mit dickem geradem Drahtstück verbinden, das am Ende die 5 cm ø-Schraube trägt: Halterung durch Draht-Schlaufe.

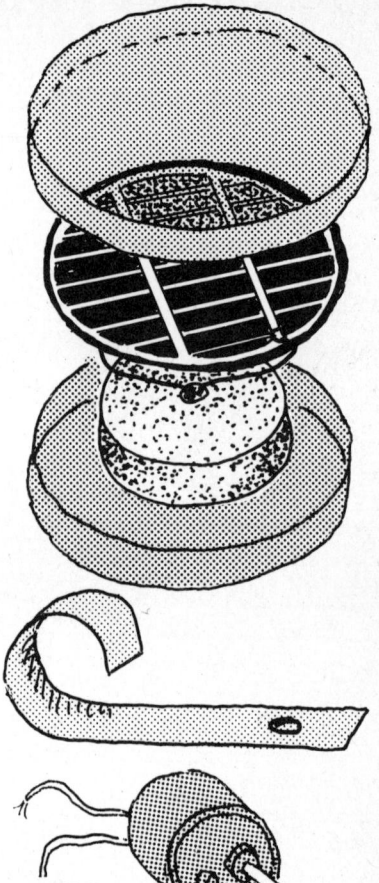

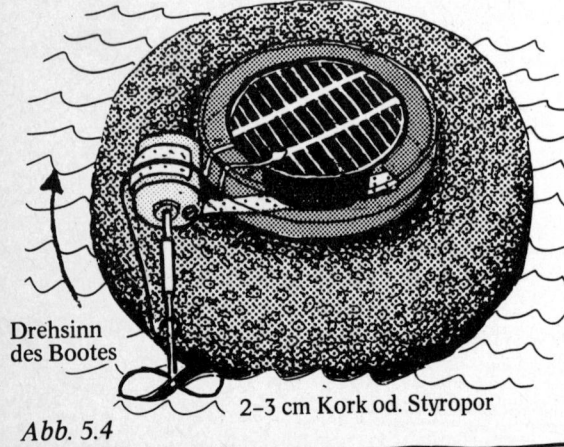

Drehsinn des Bootes

2–3 cm Kork od. Styropor

Abb. 5.4

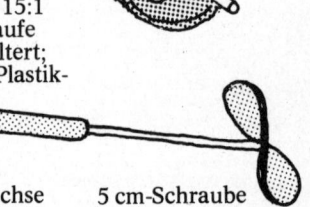

DC-Getriebe-Mikromotor 15:1 in verwinkelter Blechschlaufe als Außenbordmotor gehaltert; Wasserabdichtung durch Plastikbeutelchen!

Elast. Isolierschlauch

Halterung der Schraubenachse durch Drahtschlinge.

5 cm-Schraube

Der Sonnen-Raddampfer

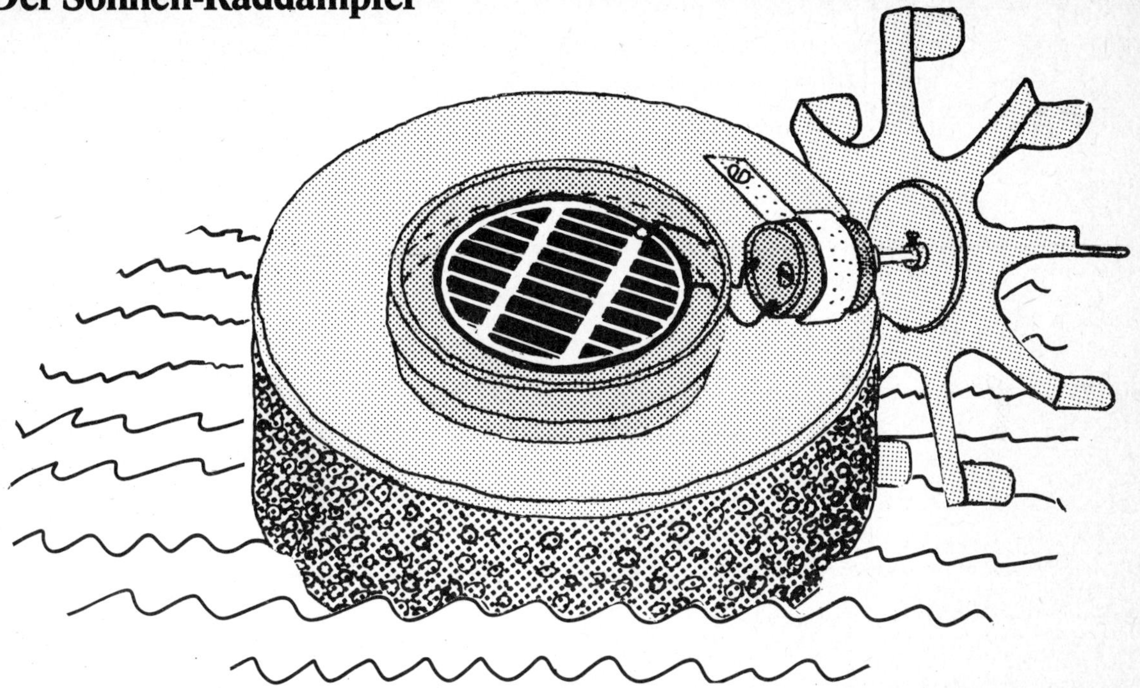

Bau: wie beim SONNENSCHIFFCHEN

Material:

- Styroporrest ca. 2 cm dick, rund ausschneiden, ca. 15 cm ø.
- 4 Zoll (10 cm ø)-Solarzelle (od. kleinere parallel!)
- Faulhaber-Getriebemotor
- Plastikschutzgehäuse glasklar: Petrischale od. anderer geeigneter Behälter
- Schnurrolle (MÄRKLIN); Isolierschlauch od. Alu-Folie als Achsen-Verdickung od. ä.
- blechartig steife Alu- oder ähnliche Metallfolie
- Blechband für Schlaufe
- Tesafilm oder Klebstoff für Polystyrol
- Lötkolben 30 Watt; Radiolot; dünne Radiolitze
- 3 M-Schrauben und Muttern
- Schere zum Blechschneiden
- Schaumgummi

Fortbewegung: *Rotierend:* In einer mittelgroßen, flachen, runden Plastikschüssel mit ca. 2–3 Liter Wasser möglich: Ohne dauernde Aufsicht am Büchertisch. Auch bei hellbedecktem Himmel!
Vorwärts: Neuen Schiffskörper (wie folgt) ausschneiden aus 2–3 cm dicker Styropor (Kork)-Platte, hydrodynam. Form!, von hinten her breit einschlitzen:

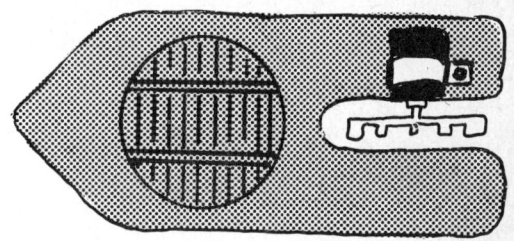

Abb. 5.5

Nebelhorngenerator

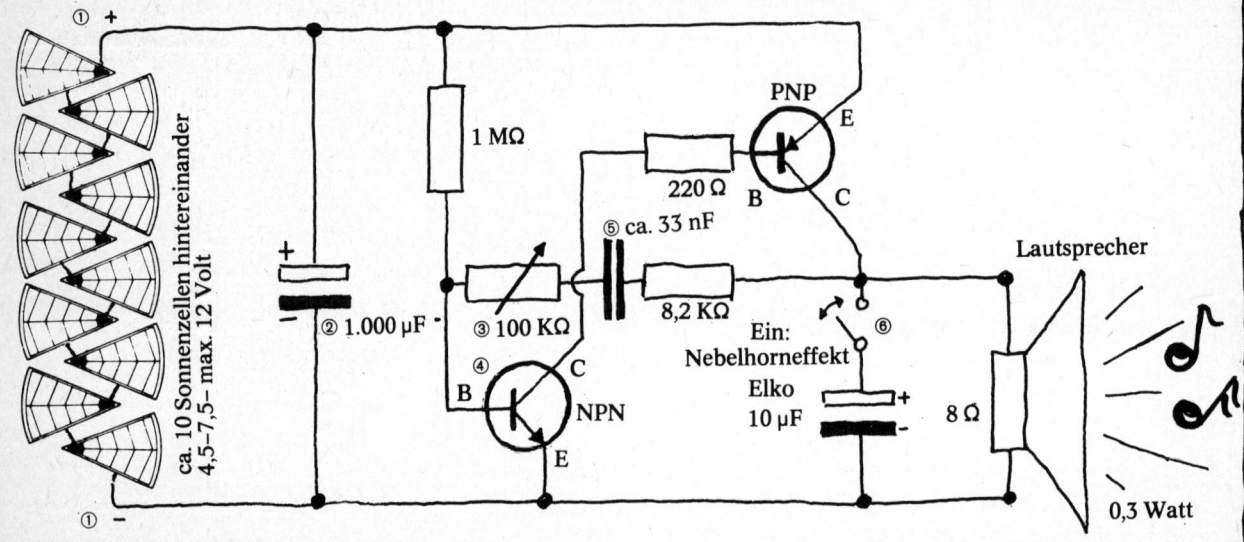

① = Anschlüsse der Solarbatterie (aus 1/8-Sektor-Zellen; mind. 9, max. 24 Stück)
② = Elektrolytkondensator 1000 μF. Hilft beim Start der Schaltung, ohne ihn geht es mit so kleinen Solarzellen schlecht.
③ = Einstellwiderstand von 100 kilo-Ohm. Wird für hochempfindlichen Betrieb (fast) ganz herausgenommen (Null Ohm)
④ = NPN-Transistor-Typus, x-beliebig durch andere NPN-Typen ersetzbar. Ausprobieren! Wenn man hier eine Steckfassung einbaut, hat man einen Transistor-Tester. Wenn die Schaltung anspricht, dann ist es ein NPN-Transistor. Emitter = E und Kollektor = C nicht verwechseln!
⑤ = Der Kondensator bestimmt die Tonhöhe: höhere Werte = tieferer Ton.
⑥ = Dieser Elektrolyt-Kondensator frißt Energie; soll das Modell empfindlich sein, muß er ausgeschaltet sein. Bei viel Licht kann er eingeschaltet werden. Er filtert hohe Töne weg und läßt Nebelhorntöne hören.

Abb. 5.6

Abb. 5.7: Rotierende Anti-Atomsonne; mit vier rechteckigen Zellen und Faulhabermotor dreht sich schon beim geringsten Helligkeiten.

Abb. 5.8: Baum ab-nein danke Schaukler

Abb. 5.9: Mechanik der Schaukler im Detail

Abb. 5.10: Atomkraftwerkssäger... und sie sägen immer noch. Die Mechanik ist im Aufbau verborgen, ein einfacher Exzenter treibt die Säge an.

6. Kapitel:

Meßgeräte für Sonnenstrahlung

Die Strahlung der Sonne fällt mit unterschiedlicher Leistung auf den Erdboden. So schwankt die Strahlungsleistung zwischen etwa 0 und 1000 W/m^2 bei uns in der BRD, siehe dazu auch Kapitel 9.

Für den Sonnenenergiefreund kann es interessant sein, nun mal zu messen, was da so an Strahlung runterkommt. Auch kann man mit einem Solarmeßgerät Versuche machen zur Abhängigkeit der Strahlungsernergie vom Einfallswinkel, kann die Durchlässigkeit von Scheiben messen usw.

Leider sind geeichte Strahlungsmesser, auch Solarimeter genannt, sehr teuer – sie kosten ab etwa 300.– DM. Geräte, die auch Energiemengen zählen können, d.h. die Strahlungsleistung mit der Zeit multiplizieren, kosten sogar ab 1500.– DM. Deshalb fanden wir es gut, an dieser Stelle Bauanleitungen für einfache Solarmeßgeräte aufzuführen. Mit diesen Geräten ist eine Leistungsmessung möglich. Der einzige Nachteil ist, daß bei Nachbau das Gerät noch nicht geeicht ist. Uns ist auch noch keine Eichmethode eingefallen, zu der man nicht ein zweites, geeichtes Gerät brauchen würde. Evtl. läßt sich dieses Problem jedoch dadurch lösen, daß man an der benachbarten Schule oder Universität nachfragt, ob sie ein Gerät haben, mit dem man dann das Selbstgebaute eichen kann.

Einfaches Solarmeßgerät:

Die einfachste Methode, mit einer Solarzelle die Leistung der Sonneneinstrahlung an einem bestimmten Ort zu einer bestimmten Zeit zu messen ist, die Zelle an einen Verbraucher (ohmscher Widerstand) zu hängen und den Strom zu messen. Dieser steigt fast proportional zur Sonneneinstrahlung. Die Zelle hat zwar eine Sättigungsgrenze, die man aber umgehen kann, wenn man nur bis 900 W/m^2 mißt und den Verbraucher möglichst klein wählt, sodaß man nahezu den Kurzschlußstrom mißt. Für unserem Versuch reichte der Innenwiderstand des Meßwerkes aus, er betrug ca. 1 Ohm. Dabei war der Strom noch proportional zu der Einstrahlungsstärke, wie Versuche bei unterschiedlichem Sonnenschein und Vergleiche mit einem geeichten Solarimeter zeigten. Eine neue Skala ist durch ihre Linearität leicht zu beschriften.

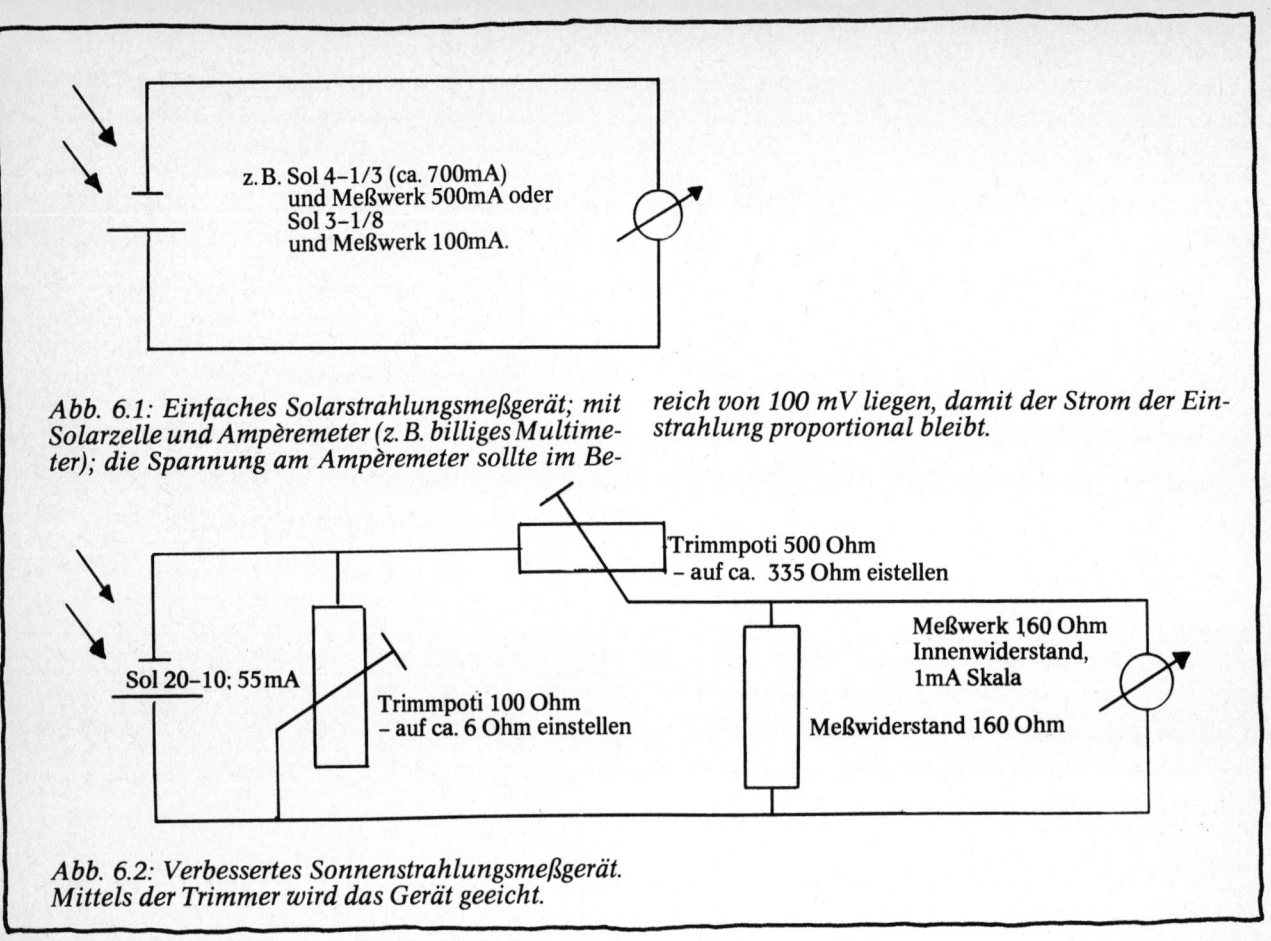

Abb. 6.1: Einfaches Solarstrahlungsmeßgerät; mit Solarzelle und Ampèremeter (z. B. billiges Multimeter); die Spannung am Ampèremeter sollte im Bereich von 100 mV liegen, damit der Strom der Einstrahlung proportional bleibt.

Abb. 6.2: Verbessertes Sonnenstrahlungsmeßgerät. Mittels der Trimmer wird das Gerät geeicht.

2. Verbessertes Solar-Meßgerät:

Hier wird auch eine Strommessung über parallel geschaltete Widerstände vorgenommen, dabei kommt die Solarzelle bis ca. 1300 W/m² nicht in ihre Sättigungsgrenze und die Spannung bleibt weitgehend konstant. Unser Gerät kommt durch die Eichung nur bis maximal 1100 W/m², was aber in unserem Breiten völlig genügt.

Zur Eichung ist wiederum ein schon geeichtes Meßgerät notwendig.

Die Plexiglasabdeckung für die Solarzelle nicht vergessen! Ein bereits geeichter Bausatz ist bei uns – Sanfte Energie GmbH – erhältlich.

Und hier noch ein Hinweis für den versierten Elektronik-Bastler:

Mit Hilfe eines Analog-Digital-Wandlers und eines einfachen Taschenrechners mit Speicher kann man ein Meßgerät auch für Energiemessungen erweitern. Der Strom wird dabei über die Zeit integriert.

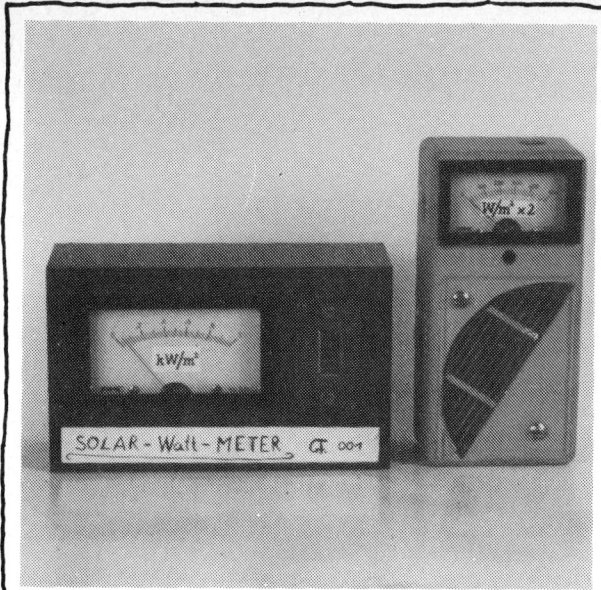

Abb. 6.3: Zwei von uns gebaute Solarmeßgeräte wie in Abb. 6.1 und 6.2 beschrieben. Es wäre besser, wenn die Solarzelle an der Stirnseite (obere Seite) des Kästchens angebracht wäre, sonst steht man sich selbst bei der Messung im Weg.

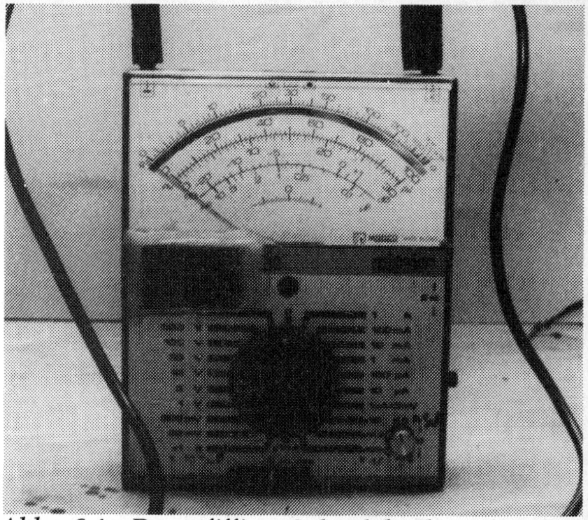

Abb. 6.4: Der pfiffige Solarelektriker (hier G. Brandt) rüstet natürlich auch sein Vielfach-Meßgerät auf Solarstrom um. Die Solarzellen laden den Akku des Geräts. Durch Umschaltung mittels eines Schalters kann man auch die Solarstrahlung messen (Schaltung dann wie in Abb. 6.1). Der Solargenerator besteht hier aus sechs geschindelten kleinen Solarzellen, man nennt es auch ein „array".

Strahlungs- und Energiemeßgerät

Das Gerät, von G. Brandt entwickelt, ermöglicht sowohl eine Strahlungs*leistungs*messung wie auch eine *Energiemessung*. Funktion: Die Solarzelle lädt über einen Operationsverstärker einen Kondensator auf. Dieser wirkt sozusagen als Integrator. Bei Erreichen einer Schwellspannung wird das Zählwerk um einen Schritt weitergeschaltet. Durch einen *zusätzlich am Zählwerk angebrachten Kontakt wird dabei der Kondensator entladen.* Danach geht's dann wieder von vorne los. Das Zählwerk ist z. B. eine Telefonzähler mit einem Stromverbrauch unter 20 mA.   Schaltbild s. S. 60

Weiterer Vorschlag für ein Energiemeßgerät

Funktion: Ein Solargenerator versorgt einen Faulhabermotor ohne Getriebe. Dieser treibt einen Betriebsstundenzähler an. Mittels eines parallelgeschalteten Widerstands wird die Spannung am Motor eingestellt, z. B. 1 Volt bei 1000 W/m² Einstrahlung. Eichvorschlag: Max. Strom des Solargenerators (laut Herstellerangabe bei 1000 W/m²; Achtung! Lichtverlust durch Abdeckung beachten) simulieren, danach Meßwerk eichen.

Energie- und Strahlungsmeßgerät

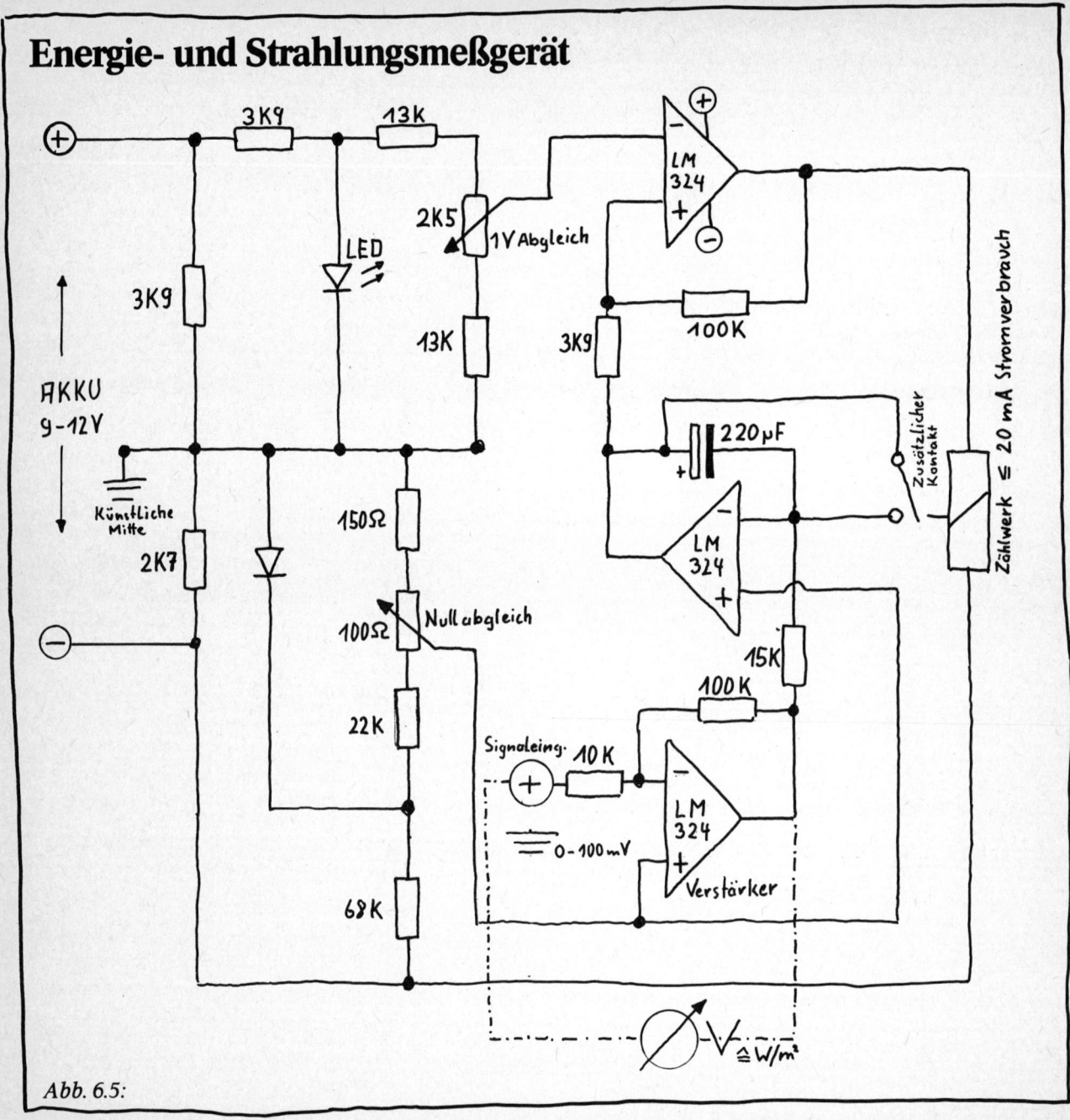

Abb. 6.5:

7. Kapitel:

Akkus Laden mit Sonnenstrom

Einwegbatterien oder wiederaufladbare Akkus?

Wer kennt ihn nicht, diesen Ärger mit den Einwegbatterien?

Vielleicht drei- oder fünfmal wurde die Taschenlampe in der Küchenschublade wirklich benutzt, trotzdem sind die Batterien spätestens alle halbe Jahre leer. Oder der Kasettenrekorder, vor dem Urlaub noch mit einem neuen, teuren Batteriesatz versehen, gibt schon nach wenigen Stunden Spielzeit „seinen Geist auf". Wieder 10.– DM Ex und Hopp. Oder: Wie kam es letzthin dazu, daß gleich ein ganzer Film voller überbelichteter Bilder war? Die Batterie des Belichtungsmessers hatte nicht mehr genug Spannung. Diese Reihe ließe sich beliebig fortsetzen.

Batterien für Kleingeräte lassen sich kaum noch fortdenken aus unserem Alltag. Vier batteriebetriebene Geräte gibt es durchschnittlich in jedem bundesdeutschen Haushalt. Pro Jahr werden hierfür ca. *450 Millionen!* Trockenbatterien verbraucht. Das bedeutet nicht nur eine ungeheure Rohstoffvergeudung, sondern es ist auch ein teures Vergnügen. Selbst unter günstigen Voraussetzungen – die Batterie ist voll geladen, wenn man sie kauft – kostet die kWh Strom aus z.B. einer Kohle-Zink Mignonzelle über 600.– DM! Aus einer Mangan-Zink-Monozelle über 200.– DM/kWh.

Deponie Mülleimer?

Einwegbatterien – sogenannte Primärbatterien – werden weggeworfen, in der Regel in den Mülleimer. Batterien enthalten jedoch das starke Umweltgift Quecksilber. Das Quecksilber soll die Selbstentladung der Batterie während längerer Lagerzeiten in Grenzen halten.

Am gefährlichsten sind Quecksilberoxid-Zinkbatterien, da hier das Quecksilber nicht nur die Entladung verhindern soll, sondern aktives Kathodenmaterial ist. Davon fallen in der BRD jährlich ca. 30 Millionen Knopfzellen aus Fotoapparaten und Filmkameras, Taschenrechnern, Hörgeräten und Armbanduhren an, die etwa zwanzig Tonnen Quecksilber in sich bergen.

Zu den „nicht so schlimmen" gehören die üblichen Zink/Kohle Batterien, die allerdings auch bis zu 0,01% ihres Gewichtes Quecksilber enthalten. Mehr über Batterien als Abfälle siehe Literaturangabe Nr. 13.

Aber es gibt Alternativen:

Schon seit einigen Jahren sind kleine wiederaufladbare Akkus auf dem Markt. Äußerlich sind sie von den „normalen" Ex und Hopp-Batterien nur durch die Aufschrift: „Nickel-Cadmium-Akku, NC-Akku" zu unterscheiden. Sie entsprechen in Form und Spannung den üblichen Mignon-, Baby- oder Monozellen, und brauchen einfach nur gegen die alten Batterien ausgetauscht zu werden. Schon läuft alles wie zuvor. Mit dem Kleinen, aber entscheidenden Unterschied: Jedesmal, wenn Nickel/Cadmium-Akkus – kurz: NC-Akkus – leer sind, können sie wieder aufgeladen werden. Einige hundert- bis einige tausendmal.

Das kann durch ein Ladegerät für 30.– – 100.– DM mit Atomstrom aus der Steckdose geschehen. Das Aufladen von NC-Akkus (auch von Bleiakkus) ist allerdings auch problemlos mit kleinen Solargeneratoren möglich. Und: Dies ist eine der wenigen Sonnenstromanwendungen, die heute auch finanziell lohnend sein können.

Aber auch wiederaufladbare Nickel/Cadmium-Akkus sind aus Umweltgesichtspunkten nicht ganz ohne: *Die Schwermetalle Nickel und insbesondere das Cadmium sind starke Umweltgifte!*

Daher: Unbrauchbar gewordene Akkus nicht öffnen oder wegwerfen, sondern zur Wiederverwertung der Materialien an den Fachhandel zurückgeben!

Schon beim Kauf sollte man den Händler fragen, ob er die kaputten Akkus später wieder zurücknehmen wird. Falls nicht, würde ich sie dort nicht kaufen. Zu Umweltproblemen bei NC-Akkus siehe ebenfalls Literaturangabe 13.

Funktionsweise von Nickel/Cadmium-Akkus

Batterien speichern elektrische Energie auf chemische Weise. Zwischen den beiden Polen (Elektroden) besteht eine elektrische Spannung, die durch ihre unterschiedliche chemische Zusammensetzung hervorgerufen wird, z. B. Metall und Metalloxid: Blei und Bleioxid, Cadmium und Nickeloxid. Wird ein Verbraucher an die beiden Pole angeschlossen, kann ein Strom fließen. Den Ladungstransport (Ionenaustausch) in der Batterie übernimmt ein Elektrolyt, z. B. eine verdünnte Säure oder Lauge. Es würde im Rahmen dieses Buches zu weit führen, die verwickelten elektrochemischen Vorgänge im Innern der Batterie zu erläutern. Entscheidend ist, daß sich die Elektroden im Verlauf des Entladevorgangs verändern, im NC-Akku entstehen Nickel- und Cadmiumhydroxid. Folge davon ist, daß am Ende keine meßbare Spannung mehr an den Polen anliegt.

Der entscheidende Unterschied zwischen der Einwegbatterie (Primärbatterie) und dem Akkumulator (Sekundärbatterie) besteht nun darin, daß bei den letzteren die chemische Umwandlung der Elektroden wieder rückgängig zu machen ist. Die Elektroden werden in den Ausgangszustand zurückversetzt beim Laden des Akku. Elektrizität ist wieder in Form von chemischer Energie gespeichert und kann bei Bedarf entnommen werden. Nun geht dieser Lade- Entladevorgang nicht ohne Verluste vor sich, d. h. man muß mehr hineinstecken als man rausholt. Er kann auch nicht beliebig oft wiederholt werden.

Wo sind Nickel/Cadmium-Akkus sinnvoll?

Der Einsatz von Akkus ist nur dort sinnvoll, wo eine Stromversorgung aus dem öffentlichen Stromnetz nicht möglich oder zu aufwendig ist.

Einer dieser Anwendungsbereiche sind die Vielzahl mobiler Kleingeräte von der Taschenlampe bis zum Kofferradio, vom Amateurfunkgerät bis zur Taucherlampe. Dabei ist der Ersatz der herkömmlichen Primärbatterien durch Kleinakkus, die mit Sonnenstrom geladen werden, weniger eine Frage der gesamtgesellschaftlichen Energieeinsparung. Es geht dabei vor allem um eine Abkehr von der umweltfeindlichen und rohstoffverschwenderischen Wegwerfwirtschaft. Vor dem Hintergrund einer solchen Umstellung auf Akkus ist deren Aufladen mittels Sonnenenergie auch ein energetischer Vorteil gegenüber der Verwendung von Ladeströmen aus der Steckdose. Einsparungen von Millionen kWh Strom sind dabei möglich.

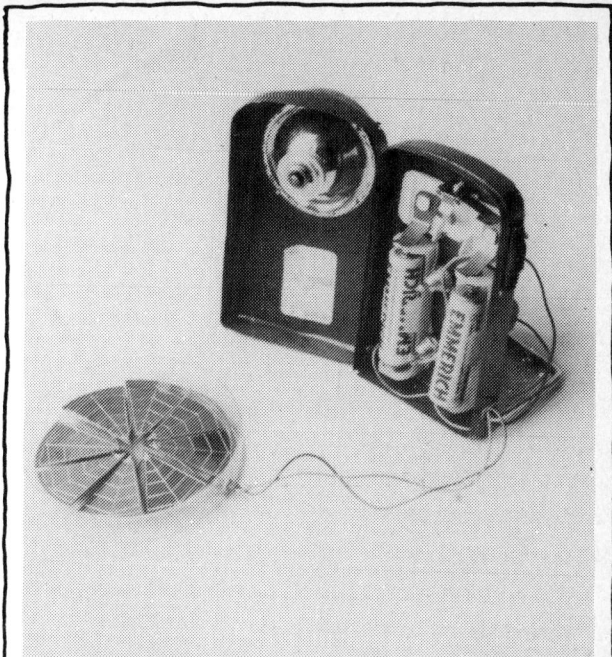

Abb. 7.1: Taschenlampe auf Akkus und Solarzellen umgerüstet. Die Verbindung wird mit Bananensteckern (schwarz = −; rot = +) hergestellt und ist somit lösbar. Daher kann der Solargenerator auch andere Geräte laden.

Welche Lademöglichkeiten gibt es?

Dieser Abschnitt soll Anregungen geben. Jeder wird sich für seinen speziellen Anwendungsfall ein geeignetes Ladegerät ausdenken können, ob für eine Taschenlampe, eine Weckeruhr, den Rasierapparat, Modellschiffe und Flugzeuge, Film- und Fotogeräte und Lampen, Blitzgeräte, Radios, Kassettenrekorder usw. Dazu muß gesagt werden, daß die Technik der Akkumulatoren und Generatoren nicht ganz einfach ist. Wir haben uns auf das beschränkt, was zum Bau von einfachen Ladegeräten wesentlich ist. Der interessierte Leser findet in der Literatur Nr. 6/7/8 im Anhang weitere Auskünfte.

Grundsätzlich gibt es die Möglichkeit, die Akkus in einer speziellen *Ladestation* zu laden. Dazu müssen die Akkus aus dem Gerät herausgenommen werden. In diesem Falle sollte man evtl. zwei Sätze von Akkus haben, wenn man das Gerät während der Ladezeit weiterbetreiben will. Der Vorteil dieser Möglichkeit ist, nach und nach Akkus für verschiedene Geräte laden zu können.

Eine andere Möglichkeit ist die sogenannte *Pufferladung*. Dabei bleibt das Gerät während des Ladevorgangs an den Akku angeschlossen. Beim Einschalten z. B. des Radios liefern sowohl die Solarzellen wie auch der Akku den Strom, je nach Lichteinfall. Nach Abschalten wird der Akku geladen. Hierbei wird man das Solar-Ladegerät (d. h. die Größe der Solarzellen) speziell auf ein Gerät – z. B. das Radio – abstimmen, da man ja nur einen Typ von Akku laden will. Der maximale Strom (laut Herstellerangabe) aus der Solarzelle sollte hierbei etwa das 1–3 fache des Normalladestroms des Akku betragen, je nach Menge des Verbrauchs. Eine Taschenlampe, die man nur selten benutzt, kann mit kleineren Solarzellen geladen werden als z. B. ein oft benutztes Radio.

Abb. 7.2: Taschenlampe und tragbare Leuchtstoffröhre auf Solarstrom umgerüstet.

Vorgefertigte Ladegeräte

Vorgefertigte Ladegeräte mit Solarzellen gibt es heute schon relativ preiswert für 6 V und 12 V Akkus. Dies wird jedoch den interessierten Bastler nicht vom Selberbauen abhalten. Denn gerade das Selber-Zusammenbauen macht ja oft viel Spaß.

Entladeverhalten von NC-Akkus

Die Entladekennlinien von NC-Akkus unterscheiden sich von denen einer „normalen" Zink-Kohle Batterie: Die Spannung bleibt über fast die ganze Entladezeit nahezu konstant bei ca. 1,2 V. Bei Zink-Kohle Batterien fällt die Spannung nahezu kontinuierlich ab. Die mittlere Entladespannung beträgt dabei etwa 1,25 V. Dies ist auch der Grund, warum NC-Akkus trotz der zunächst geringeren Spannung die

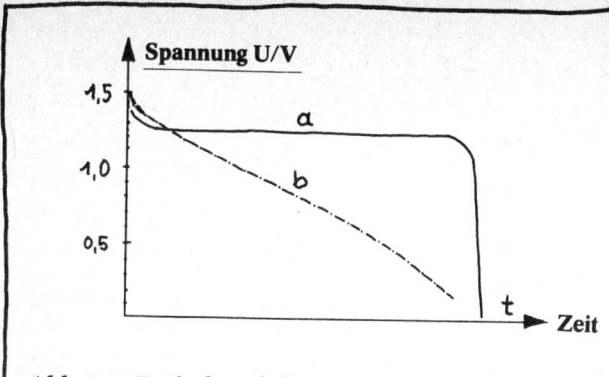

Abb. 7.3: *Entladeverhalten von NC-Akkus (a) und Kohle-Zink-Batterie(b)*

Ladearten:
1. *Puffer- und Erhaltungsladung* mit 1/3 bis 1/2 des Normalladestroms ohne Zeitbegrenzung
2. *Normalladung* mit 1/10 der Nennkapazität über 14–16 Stunden
3. *Beschleunigtes Laden* mit 2–4fachen Normalladestrom in 3–7 Stunden
4. *Schnelladung* mit dem 10-fachen Normalladestrom; hierdurch wird die Lebensdauer des Akkus verkleinert

Wegwerfbatterien in fast allen Geräten ersetzen können.

Akkus sollten möglichst nicht „ausgelutscht", d. h. tiefentladen werden.

Ladearten von NC-Akkus

Um eine lange Lebensdauer garantieren, muß die Ladung mit einer begrenzten Stromstärke erfolgen.

Laden nur eines bestimmten Akkutyps

Will man nur einen bestimmten Typ von Akku laden, so ist das sehr einfach. Z. B. bei einem Mignonakku mit 0,5 Ah Kapazität soll der Normalladestrom etwa 50 mA betragen. In diesem Falle würde man die Sol 3–1/8 Solarzelle mit etwa 150 mA oder eine vergleichbare wählen. Diesen Strom gibt die Zelle ja nur bei einer Einstrahlung von $1000 W/m^2 = 100 W/cm^2$ ab, was selten vorkommt, dann aber auch nur, wenn sie

Daten einiger gängiger Typen von NC-Akkus

Zellentyp austauschbar mit	Kapazität in Ah	max. Dauerlast in A	Ladestrom bei Normalladung in mA
Mignon Zelle	0,5	3	50
Baby Zelle	1,8	16	180
Mono Zelle	4,0	20	400
9 V Blockbatterie	0,1	0,18	10

relativ kalt ist. Die Leistung der Zelle wird ja außerdem gemindert durch den Lichtverlust durch die durchsichtige (Plexiglas-) Abdeckung, und zwar um ca. 15%. Liegt das Ladegerät dann noch im Südfenster, kommt jeweils der Lichtverlust durch die Fensterscheibe noch dazu, das sind pro Fensterscheibe immerhin wieder 15%, bei zwei Scheiben schon 22,5%.

Die Zellen sollen also ruhig überdimensioniert sein, nämlich bei 1000 W/m² Einstrahlung (laut Herstellerangabe) ca. das 3-fache des Normalladestroms liefern können. Denn moderne Akkus mit Sinterelektroden können nämlich auch beschleunigtes Laden mit 3-fachen Normalladestrom über längere Zeit vertragen. So erreicht man bei schönem Wetter relativ kurze Ladezeiten.

Laden von mehreren verschiedenen Akkutypen

Hierbei machen nicht die verschiedenen 1,2 V Akkus die Schwierigkeiten, sondern vor allem die 9 V Akkus (die Kleinen mit den beiden Anschlüssen oben). Für diesen Akkutyp braucht man wegen der hohen Spannung eben viele Solarzellen, aber geringen Ladestrom. Für die Ladung von Mignon, Baby und Monozellen braucht man wegen der geringen Spannung nicht so viele Solarzellen. Wegen der unterschiedlichen Ladeströme wäre es jedoch am Besten, wenn man für jeden Akkutyp ein Ladegerät (Solargenerator) mit den geeigneten Solarzellen hätte. Der maximale Strom aus den Solarzellen sollte dann um etwa das 3 fache größer

Abb. 7.4: *Pufferladung für ein kleines Radio. Mit größeren Kofferradios funktioniert dies auch, insbesondere bei solchen mit wenig Leistungsaufnahme (z. B. Sparschaltung). Bei Sonnenschein kann sogar auf die Akkus verzichtet werden.*

sein als der Normalladestrom des Akkus. Will man dennoch nicht auf ein „Universalladegerät" verzichten, muß man den Strom z. B. durch einen Widerstand begrenzen können – siehe Bauanleitung. Dies hat jedoch wieder einen Leistungsverlust zur Folge, da im Widerstand der Strom ja verheizt wird. Eine zeitweilige Abschattung des Solargenerators könnte die gleiche Wirkung haben.

Anpassung von Akku und Solarzelle

Hier müssen wir uns zunächst nochmal die Kennlinie einer Solarzelle bzw. eines Solarge-

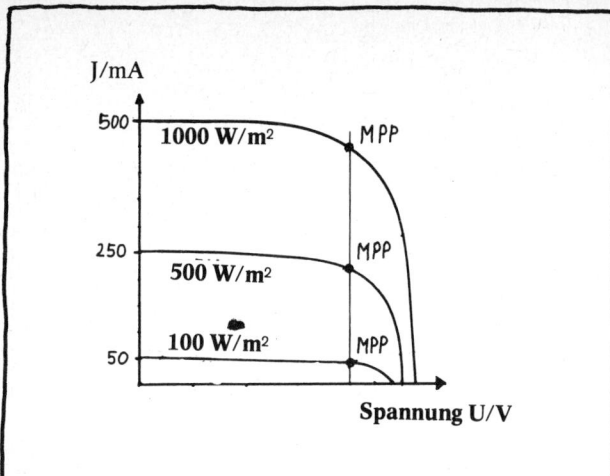

J/mA

500   1000 W/m²   MPP

250   500 W/m²   MPP

50   100 W/m²   MPP

Spannung U/V

Abb. 7.5: Kennlinie eines Solargenerators bei verschiedenen Bestrahlungsstärken und Ladekennlinie eines gut angepaßten Akkus.

nerators ins Gedächtnis rufen. Ein Solargenerator besteht – nebenbei bemerkt – aus einer Hintereinanderschaltung mehrerer Solarzellen. Das Kennlinienbild zeigt die verschiedenen Kennlinien des Solargenerators bei verschiedenen Bestrahlungsstärken. Darin eingetragen wird dann die (hier vereinfachte) Kennlinie des Akkus.

Die Leistungsausnutzung der Solarzelle ist bei verschiedenen Einstrahlungen hier günstiger als bei einem ohmschen Verbraucher. Man muß nur dafür sorgen, daß die Kennlinie des Akku in der Nähe der Mpp oder Pmax Punkte liegt (an diesen Punkten der Kennlinie gibt der Solargenerator seine maximale Leistung ab). Und zwar leicht zu kleineren Spannungen hin verschoben, damit man nicht in den Knick der Kennlinie rutscht. Sonst würde wenig Strom

fließen. Als guter Spannungswert pro Solarzelle hat sich dabei etwa 0,33 V erwiesen. Für einen 1,2 V Akku reichen also im Prinzip etwa vier Solarzellen in Reihenschaltung aus. Die Arbeitsspannung hätte dann einen Wert von 1,32 Volt, was dem Akku gut angepaßt ist.

Aber die Verhältnisse sind noch etwas komplizierter:

Entladeschutz

Da die Solarzellen bei Dunkelheit einen – wenn auch meist geringen Stromfluß ermöglichen, würden sich die Akkus über Nacht, evtl. auch bei schlechtem Wetter, wieder etwas entladen. Um dies zu verhindern, schaltet man in den Stromkreis eine *Entlade-Schutzdiode* ein. Die Diode verhindert ein Zurückfließen des Stroms aus dem Akku in die Solarzelle. Da die Diode einem allerdings etwas Spannung „wegnimmt", muß man dann *die Anzahl* der Solarzellen etwas *vergrößern*. Bei einer „Schottky-Diode" (kostet ca. 3.50 DM) um *eine Zelle*, bei einer Silizium-Diode (kostet 0,20 DM) um *zwei Zellen. Berücksichtigt man diesen Spannungsverlust der Diode nicht, fließt nur geringer bis gar kein Ladestrom! Beim Einbau der Diode muß auf die richtige Polung geachtet werden*, die markierte Seite muß mit dem + Pol des Akkus verbunden werden. Bei Zweifel ein Strommeßgerät zu Hilfe nehmen!

Wieviel Solarzellen braucht man für Ladegeräte?

Die Solarzellen können den Akku nur laden, wenn ihre Spannung höher ist als die des Akkus. Zum Erreichen der Ladespannung werden mehrere Solarzellen hintereinandergeschaltet.

Siehe dazu auch den Abschnitt: Anpassung von Akku und Solarzellen.

Will man noch kleine Einstrahlungen nutzen, z. B. bei schlechtem Wetter, wird man eher mehr Zellen wählen.

Zum Laden von vielen Akkus empfiehlt sich evtl. auch der Einsatz eines Spannungswandlers, siehe dazu auch in Literatur Nr. 6.

Anforderungen an die Solarzellen

Zellen für Ladegeräte sollten höheren Ansprüchen genügen als solche für Motorantrieb. Denn bei Hintereinanderschaltung bestimmt die schlechteste Zelle den Strom und damit die Leistung, weil sie das schwächste Glied der Kette ist. Also: möglichst erste Wahl Zellen verwenden, oder selber die Zellen auf ihr Leistungsvermögen überprüfen wie in Kapitel 1 beschrieben wurde.

Schutz vor Überladung

Überladung eines Akkus kann dann eintreten, wenn er, obwohl er schon voll ist, noch weiter mit zu großen Stromstärken geladen wird. Die modernen Nickel Cadmium Akkus mit Sinterelektroden sind jedoch relativ unempfindlich gegen Überladung. Ihnen schadet ein Weiterladen mit 1/3 bis 1-fachem Normalladestrom kaum. Im Zweifelsfalle die Herstellerangaben beachten. Mit etwas Gefühl für die Ladezeit und bei einigermaßen Anpassung von Solargenerator und Akku ist Überladung kaum ein Problem, höchstens bei dauerhaft schönem Wetter. Dann sollte man den Akku lieber aus dem Ladegerät rausnehmen und einen anderen, leeren reintun. Oder man begrenzt den Ladestrom mit einem regelbaren Widerstand auf die zum Ausgleich der Selbstentladung notwendige Stromstärke.

Bei größeren Bleiakkustationen hat man sowieso ein Regelgerät mit Überladeschutz.

Für einen einfachen Überladeschutz mit Zenerdiode geben wir jedoch auch eine Bauanleitung.

Serien- und Parallelschaltung von Akkus

Hat man gleichalte, gleichstark gebrauchte Akkus, die zudem noch gleichmäßig stark entladen sind, bestehen kaum Probleme.

Ist dagegen bei einem Akku die Spannung wesentlich geringer (Tiefentladung), so fließt bei *Parallelschaltung* ein zu großer Ladestrom untereinander, zwischen den Akkus, wobei der tiefer entladene Akku dann Schaden nehmen kann. Und dies, obwohl der Ladestrom aus dem Solargenerator zu den Akkus begrenzt sein kann. Es tritt ein Ladungsaustausch zwischen den Akkus ein. Durch kontrollieren der Akkus sollte man auf jeden Fall verhindern, daß sie tie-

Anzahl Nickel-Cadmium-Akkus (Hintereinanderschaltung)	Nennspannung in V	Ladespannung in V	Solarzellenzahl	
			mit Schottky-Diode	mit Si-Diode
1	1,2	1,45	5	6
2	2,4	2,9	9	10
3	3,6	4,35	13	14
4	4,8	5,8	17	18
5	6,0	7,2	21	22
6	7,2	8,7	25	26
9 V Akku			28–29	30
12 V Akku			36	37

fentladen werden, bei einer Taschenlampe z. B. bei Schwächerwerden der Lampe dann nachladen.

● Bei *Parallelschaltung* von Akkus die Akkus aus einer Serie wählen.

Bei *Serienschaltung*, auch Reihen- und Hintereinanderschaltung genannt, wird der Ladestrom schon durch den am wenigsten entladenen Akku begrenzt. Wenn man dann allerdings den Ladestrom künstlich heraufsetzt, kann o. g. Akku beschädigt werden. Man sollte daher schon die *Ladespannung* nicht zu groß wählen um nicht obigen Fehler begehen zu können. Also nicht mit einem 9 V Ladegerät einen 1,2 oder ein 6 V Akkupack oder ähnliches laden.

● Bei *Reihenschaltung* von Akkus kann beim Entladevorgang eine Umpolung eines Akkus stattfinden. Akkus sind nie alle gleich. Derjenige, der zuerst leer ist, wird durch von den an-

deren Akkus, die ja noch nicht leer sind, weiterhin von Strom durchflossen, wenn der Verbraucher nicht abgeschaltet wird. Dabei polt er sich um. Abhilfe: nie so weit entladen. Bei einmaliger Umpolung ist der Akku vielleicht noch einmal zu retten.

Haltbarkeit von NC-Akkus

Die Lebensdauer von NC-Akkus liegt bei richtigem Gebrauch bei etwa 10 Jahren und mehr. Nach etwa 1000 Lade-/Entladezyklen haben sie noch etwa 80% ihrer Nennkapazität. Prinzipiell hat die Lebensdauer kaum eine Beschränkung, außer bei häufigerem Überladen oder Tiefentladen. Bei starker Überladung wird der Akku zu warm, das Sicherheitsventil öffnet sich und es tritt ein Verlust eines Teils des Elektrolyten auf, was dann natürlich zu einer Kapazitätsminderung führt. Dieser Effekt hängt sowohl von der Temperatur wie auch vom Ladestrom ab. Der Verlust des Elektrolyten kann an weißlichen Ausblühungen an der Oberseite des Akkus bemerkt werden. Bei größeren Akkus ist die Wärmeabgabe schlechter als z. B. bei Mignon-Akkus wegen der im Verhältnis kleineren Oberfläche. Der Dauerladestrom sollte hier besser ca. 1/20stel der Nennkapazität betragen. **Die Akkus sollten also nicht zu warm werden, auf jeden Fall nicht in der Sonne liegen.**

Richtig behandelte Akkus haben auch nach mehreren hundert Ladezyklen noch rund 80% ihrer Anfangskapazität.

Ladezeit

Laden mit Solarstrom bringt hier etwas mehr Schwierigkeiten mit sich als mit dem Strom aus der Steckdose, der ja konstant gehalten werden kann. Der Solargenerator liefert jedoch je nach Wetterbedingungen verschieden viel Strom. Mit folgender Tabelle geben wir zumindest einen Anhaltspunkt für die Ladezeit in verschiedenen Monaten des Jahres.

Beispiel:
Ein Mignonakku benötigt zur Ladung ca. 16 Stunden bei einem Ladestrom von 50 mA, er braucht also 800mAh, **wenn er vorher leer war.**

Ein Ladegerät mit 1 A maximalem Ausgangsstrom liefert *pro Woche* im Juli (München) ca. 38 Ah = 3800mAh.

Nun haben wir im Ladegerät beispielsweise sechs Sol 3–1/8 Zellen mit nur 155 mA maximalem Strom, das ist das 0,155-fache von 1 A.

Unser Ladegerät liefert also nur 38 x 0,155 Ah *pro Woche*, also 5,89 Ah bzw. 5890 mAh.

Der Akku wäre also in ca. 1 1/2 Tagen voll. Da es aber auch im Juli mal Regentage gibt, stimmt diese Rechnung so einfach nicht, weil ja in der Tabelle Durchschnittswerte stehen. Und zwei Tage Regen machen den Akku auch nicht voll. Man kommt daher nicht drum herum, selbst ein wenig auf das Wetter zu achten und ein Gefühl dafür zu entwickeln, nach welcher Zeit bei welchem Wetter die Akkus geladen

Ah-Tabelle für ein Solarmodul mit 1 A		Jan.	Feb.	März	April	Mai	Juni	Juli	Aug.	Sept.	Okt.	Nov.	Dez.
Athen	Griechenland	15-26	22-33	27-33	37-39	42	47	46	41	32-36	22-31	15-26	13-24
Davos	Schweiz	11-20	18-27	28-34	38-40	41	42	41	35	28-32	20-27	13-21	9-17
Genua	Italien	8-15	13-19	19-23	28-29	34	40	43	37	28-31	19-26	10-17	7-13
Helsinki	Finnland	2- 4	7-12	18-23	28-31	35	41	39	29	18-24	8-11	2- 4	1- 2
München	Deutschland	9-17	14-22	22-27	29-31	37	38	38	33	24-28	17-22	6-12	6-11

Die Tabelle gibt an, wieviel Amperestunden pro Woche (Ah/Woche) ein Modul mit einem maximalen Ausgangsstrom von 1 A in Abhängigkeit von Monat/Einsatzort bringt. Die Niedrigstwerte gelten für waagerechte Montage. Die Höchstwerte bei entsprechendem Neigungswinkel.
Werden die angegebenen Werte mit der Betriebsspannung multipliziert, so ergeben sich Wattstunden/Woche.

Quelle: Atec: Solarzellenpraxis

sind. Eine Hilfe dabei bietet ein in den Stromkreis geschaltetes Amperemeter, mit dem man die Ladeströme beobachten kann.

Diese Art der „Naturbeobachtung" kann sogar Spaß machen, ja, man gewöhnt sich sogar daran, sich mehr nach der Natur zu richten.

Wissenswerte Daten, Tips und Tricks über NC-Akkus

● Bei *Kurzschluß* eines Akkus ist er evtl. noch zu retten, wenn man ihn kurzzeitig durch einen Kondensator mit hohen Strom beschickt.

● bis ca. 63 Ah gibt es auch günstige Blei-Gel-Akkus

● *Mignonzellen* können auch für Babyzellen eingesetzt werden, da sie gleiche Baulänge haben. Damit können die Kosten für ein Akkuset erheblich gesenkt werden. Der Akku wird dazu mit einem Mantel umgeben (z. B. umwickelt), bis er die gleiche Dicke hat wie der Babyakku. Dann paßt er in die Batteriehalterung des Geräts. Ob dieser Ersatz möglich ist, hängt natürlich vom Verbrauch des Geräts bzw. von seiner Einschaltdauer ab, da der Mignonakku ja eine geringere Kapazität hat.

● *Germanium-Dioden* eignen sich als Entladeschutzdioden nicht besonders gut. Besser: ein durchgeschalteter Germanium Transistor, bei dem Basis und Kollektor verbunden sind. Kosten ca. 0,50 DM, ca. 0,25 V Spannungsabfall, aber nur bis ca. 10–12 V, Typen z. B. AC 117, AC 184.

● *Selbstentladung:* Bei Monoakkus ca. 2–4 mA, Baby-Akku ca. 2 mA; Mignon-Akku ca. 1 mA.

● Beim *ersten Laden* nach längerem Lagern des Akku erreicht er nicht seine volle Kapazität. Auch verliert der Akku an Kapazität, wenn er dauernd nicht voll geladen wird. Man sollte also die Akkus nach längerem Lagern öfter voll laden, dann wird die Kapazität zurückgewonnen. Generell sollten Akkus auch möglichst voll geladen werden. Die Höhe des Ladestroms spielt eigentlich kaum eine Rolle, der Akku wird mit jedem Strom geladen, der über seinem Selbstentladestrom liegt.

● Bei bestimmten Geräten kann es günstig sein, relativ kleine Solarzellen zu nehmen, aber relativ große Akkus. Z. B. bei einer Taschenlampe, die man zwar selten, dann aber vielleicht über eine längere Zeit braucht.

● *An Akkus* sollte man *nichts anlöten*, es sei denn, sie haben Lötfahnen. Akkuhalterungen gibt es in vielen verschiedenen Größen ziemlich preiswert. Wer dennoch unbedingt löten will, hier ein Tip: Silberhaltiges Lötzinn nehmen, z. B. v. Multicore, und sehr kurz löten.

● Man kann auch *Ladegeräte ohne Entladeschutzdiode* bauen und braucht so weniger Solarzellen. Dabei ist aber eins zu beachten: Je näher man mit der Akkuspannung der Leerlaufspannung der Solarzelle kommt, desto stärker wird der Rückstrom bei wenig oder keiner Beleuchtung der Solarzellen. Beispiel: 4 Solarzellen in Reihe und ein Akku mit 1,35 Volt. Pro Zelle ergibt sich eine Spannung von ca. 0,32 V. Dies liegt gut unter der Leerlaufspannung. Der Rückstrom ist relativ klein. Im Zweifelsfalle

Abb. 7.6: Acht Solarzellen in einem „array" laden zwei NC-Akkus ohne Entladeschutzdiode. Die Ladezeit ist wegen der kleinen Zellen entsprechend lang. Allerdings sind ja meist die Akkus auch nicht vollständig entladen, so daß sich die Ladezeit entsprechend verkürzt.

Einfaches Ladegerät für einen Nickel-Cadmium-Akku

Der Solargenerator besteht aus 6 hintereinandergeschalteten Zellen vom Typ Sol 3–1/8; ca. 150 mA oder vergleichbare Type.

Als Akku eignet sich in diesem Falle ein Mignonakku. Falls Akkus mit größerer Kapazität verwendet werden, erhöht sich die Ladezeit entsprechend.

Ladegerät für zwei Nickel-Cadmium-Akkus

Als Solarzellen eignen sich z. B. zehn hintereinandergeschaltete Sol 3–1/4 Zellen (300 mA) kombiniert mit zwei hintereinandergeschalteten Babyakkus.

Wird statt der Siliziumdiode eine Schottkydiode benutzt, kommt man mit neun Zellen aus.

Auf die richtige Polung der Diode achten.

Ladegerät mit Überladungsschutzschaltung

Die Schaltung ist im Prinzip fast die gleiche wie die vorhergehende. Das zusätzliche Bauteil ist eine Zenerdiode, in diesem Beispiel mit der Nennspannung von 2,7 V. Ab 2,7 Volt öffnet die Zenerdiode, der Strom aus den Solarzellen fließt durch die Zenerdiode und nicht mehr durch die Akkus. Sie werden dann nicht mehr weiter geladen. So dient die Zenerdiode zum

Rückströme bei abgedunkelter Zelle messen. Im Winter wird die Entladung größer sein als im Sommer, weil im Winter die Tage kürzer sind.

● Es werden oft *preisgünstige Akkus* angeboten, die größer sind als Monozellen. Sie eignen sich für tragbare Akkupacks gut, weil sie vom Gewicht her günstiger sind als Bleiakkus und im Gegensatz zu ihnen auch bei kurzen Entladezeiten die volle Kapazität abgeben.

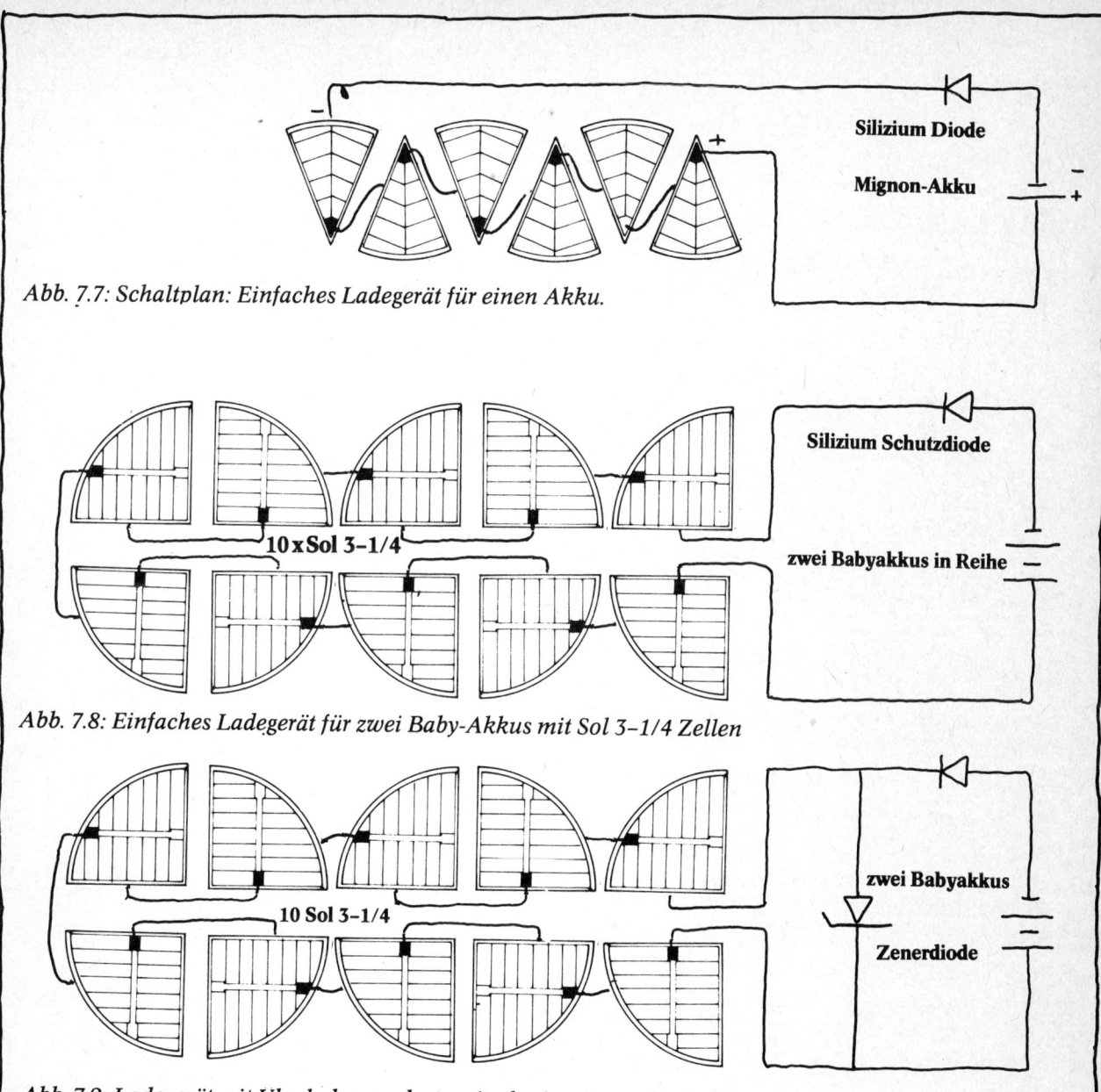

Silizium Diode

Mignon-Akku

Abb. 7.7: Schaltplan: Einfaches Ladegerät für einen Akku.

10 x Sol 3–1/4

Silizium Schutzdiode

zwei Babyakkus in Reihe

Abb. 7.8: Einfaches Ladegerät für zwei Baby-Akkus mit Sol 3–1/4 Zellen

10 Sol 3–1/4

zwei Babyakkus

Zenerdiode

Abb. 7.9: Ladegerät mit Uberladungsschutz mittels einer Zenerdiode. Ab 2,7 V Akkuspannung schaltet die Zenerdiode durch, und die Akkus werden nicht weiter geladen.

Schutz des Akkus gegen Überladung. Zenerdioden gibt es gestaffelt mit verschiedenen Nennspannungen. Bei der Auswahl ist auch darauf zu achten, daß die Belastbarkeit, d. h. der maximale Strom den die Zenerdiode verträgt auf die Solarzellengröße abgestimmt ist, sonst wird sie zu heiß und geht kaputt.

Ladegerät für 9 Volt Kleinakkus aus Bruchstücken

Beim Basteln mit Solarzellen bleiben ab und zu auch kleine Bruchstücke von Zellen übrig. Nach anfänglichem Ärger darüber kam mir die Idee, die Stückchen zum Bau eines Ladegerätes zu verwenden. Mit etwa dreißig Bruchstücken lassen sich z. B. die 9 Volt Kleinakkus ganz gut laden. Für Knopfzellen käme man mit weniger Bruchstücken aus. Es ist nur eine etwas fummelige Arbeit. Ein wenig davon habe ich mir erspart, indem ich zwei kleine arrays mit eingebaut habe.

Das kleinste Bruchstück bestimmt bei Hintereinanderschaltung den maximalen Strom. Man sollte also auf etwa gleiche Größe achten, oder zwei ganz Kleine parallel schalten.

Da nicht bei allen Zellen die dem Licht ausgesetzte Seite die Polarität + hat, sollte man im Zweifelsfall die Polarität mit einem Voltmeter ausmessen.

Auch die Entladeschutzdiode nicht vergessen.

Abb. 7.10: Ladegerät für 9 V-Akkus aus Bruchstükken von Solarzellen.

Universal-Ladegerät mit Strombegrenzung

Mit Hilfe dieses Ladegeräts ist es möglich, verschiedene Typen von Akkus wie auch unterschiedliche Anzahlen von hintereinandergeschalteten Akkus zu laden. Dies geschieht mittels eines regelbaren Widerstandes zur Strombegrenzung und eines Stufenschalters, mit dem eine Serien-Parallelschaltung der Solarzellen erreicht wird. Der Stufenschalter hat drei Ebenen mit insgesamt sechs Kontakten (I–VI) in sechs Stellungen. Als Solarzellen dienen 28 Sol 3–1/8 Zellen. Die Zellen werden *alle zusammen* auf eine Platte montiert.

Abb. 7.11: Universalladegerät 28 Solarzellen. Alle normalerweise im Haus vorhandenen Batterien können somit durch Akkus ersetzt und mit Sonnenstrom geladen werden.

Stellung des Schalters	Anzahl Akkus	max. Ladestrom mA	Spannung V
1	1	465	2,3
2	3	310	4,6
3	5	155	6,9
4	9 Volt Akku oder 6 einzelne	155	9,2

Durch den regelbaren Widerstand wird der Ladestrom an jeden Zellentyp angepaßt.

Es kommen also bei 2,3 V Ladespannung durch Parallelschaltung die Module A, B und C als Energieumsetzer in Gebrauch. Modul D ist außer Funktion.

Bei 4,6 Volt Ladespannung (Schaltstufe 2) sind alle Module durch Serienparallelschaltung in Betrieb.

Im 6,9 V Bereich (z. B. auch für 6 V Akkus) sind wieder „nur" die Module A, B und C in Gebrauch.

In Position 4 können 9 V Akkus geladen werden oder 6 einzelne in Reihe geschaltete Akkus. Der Strom wird durch ein Potentiometer 1 Kiloohm/5 Watt linear auf den gewünschten Ladestrom mit dem Amperemeter eingestellt.

Hat man wesentlich größere Akkus, muß man tiefer in die Tasche greifen, da Zellen mit doppelter Leistung etwa das doppelte kosten, man aber gleichviele Zellen braucht. Vielleicht sollte man in diesem Fall mehr Geduld beim Laden haben, denn wenn man mit dem halben Strom lädt, bekommt man den Akku auch voll.

Kosten:

Bei Verwendung von 1. Wahl-Solarzellen liegen die Kosten bei ca. 135.– DM für die Zellen, Sept. 83, 25.– DM für das Amperemeter, 5.– DM für das Poti und 5.– DM für die Diode und diverse Kleinteile. Die Kosten belaufen sich also auf ca. 170.– DM. Dazu käme noch ein Gehäuse, daß man sich aus Holz selber bauen kann. Ein Brett mit allen Bauteilen ist übersichtlich und läßt sich auch gut in die Sonne stellen. Die Solarzellen sollten durch eine Abdeckung aus Glas oder Plexiglas geschützt werden. Wie man wetterfeste Paneele baut siehe Kapitel 1.

Die elektronischen Bauteile kann man sich am Ort bei Elektronik-Fachgeschäften oder gegebenenfalls im Versandhandel besorgen.

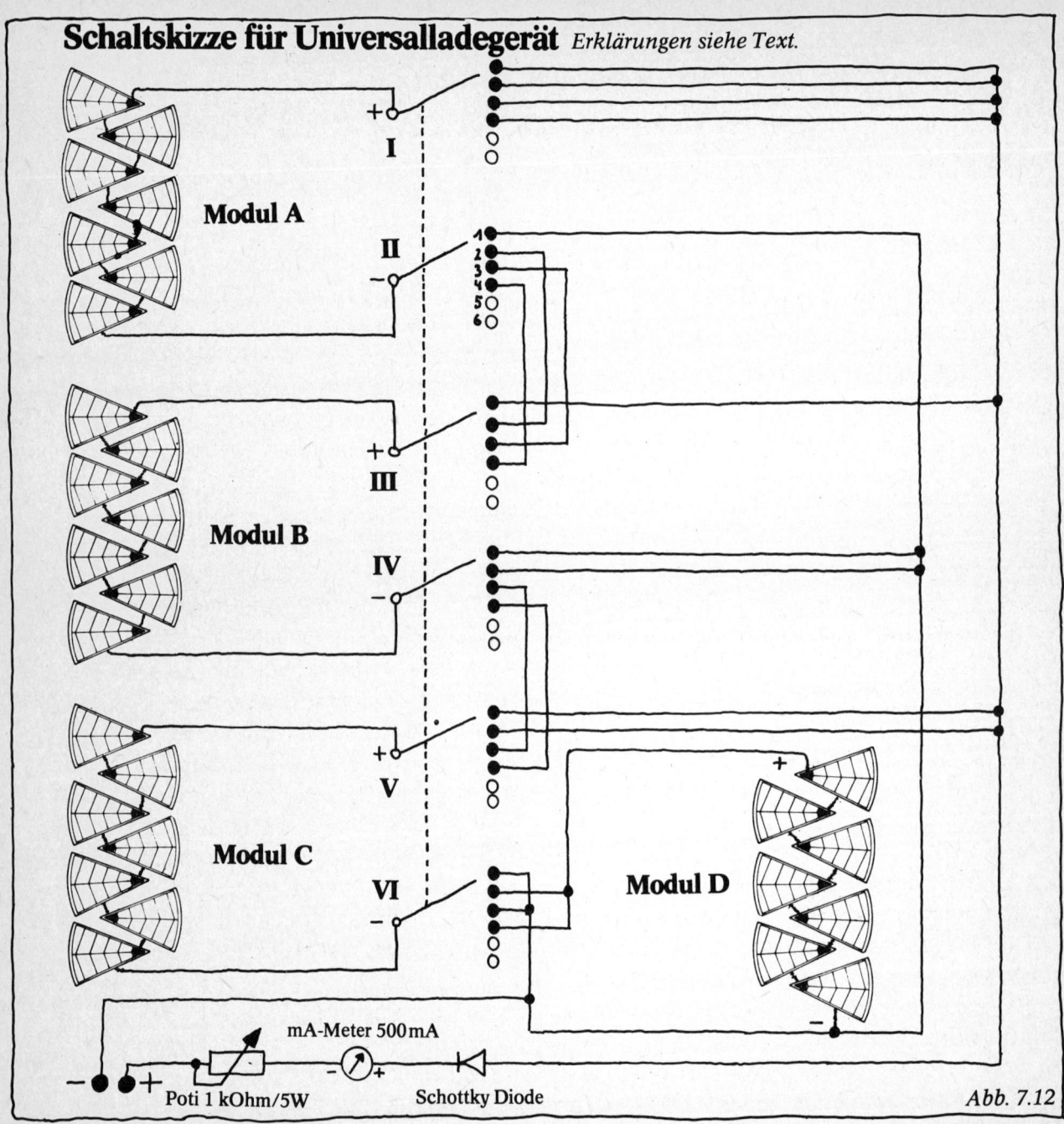

Schaltskizze für Universalladegerät *Erklärungen siehe Text.*

Modul A

Modul B

Modul C

Modul D

I

II

III

IV

V

VI

mA-Meter 500 mA

Poti 1 kOhm/5W

Schottky Diode

Abb. 7.12

8. Kapitel

Solarzellen – wie funktionieren sie und welche Arten gibt es?

Wie funktionieren sie?

Solarzellen sind Produkte der Halbleitertechnik, die in den letzten Jahrzehnten eine rasante Entwicklung der Elektrotechnik ermöglicht hat, bis hin zu der doch fragwürdigen Computerisierung unseres ganzen Lebens, was jetzt auf uns zukommt.

Die Funktionsweise von Halbleitern zu verstehen, ist nicht so ganz einfach. Wer mit den folgenden Erklärungen Schwierigkeiten hat, sollte noch ein Physik- oder Elektroniklehrbuch zu Rate ziehen.

Um die Funktionsweise zu verstehen, nehmen wir das Beispiel der monokristallinen Silizium-Solarzellen. Monokristallin bedeutet, daß die Solarzelle aus *einem* Kristall besteht. Die Funktionsweise der anderen Arten von Solarzellen ist im Prinzip ähnlich.

Aus einer Schmelze von höchstgradig reinem Silizium werden zylindrische Ein-Kristalle mit einem Durchmesser von bis zu 12 cm gezüchtet. Als Ausgangsmaterial für das Silizium dient dabei Sand, ein in großen Mengen vorkommender Rohstoff. Das Silizium muß jedoch von höchster Reinheit sein, was diesen Prozeß so aufwendig und relativ teuer macht. Daher kann man für den Strom aus Solarzellen auch sagen: *Strom aus Sand und Sonne.* Aus den Kristallblöcken werden dann jene hauchdünne Scheibchen mit Hilfe von Diamantbesetzten Sägeblättern abgeschnitten, die in der Praxis dann eine Solarzelle bilden. Ein sehr aufwendiger Prozeß, den einige Hersteller zu umgehen versuchen (s. u.). Bis zur gebrauchsfähigen Sonnenzelle muß allerdings noch einiges mit diesen ca. 0,3 mm starken Kristallscheiben angestellt werden. Zunächst wird das hochreine Silizium wieder verunreinigt. Dieser bewußte und wohldosierte Vorgang (ein Fremdatom auf etwa 1000000 Silizium-Atome) nennt man „Dotierung". Später werden dann noch die elektrischen Kontakte auf der Vorder- und Rückseite angebracht und die Oberfläche mit einer Antireflexschicht versehen. Doch zurück zur Dotierung: Z. B. wird die obere, d. h. die der Sonne zugewandte Seite negativ dotiert, d. h. mit einem Element verunreinigt, das mehr Valenzelektronen besitzt als das Silizium. Z. B. mit Phosphor, das fünf Elektronen auf der äußeren Schale hat gegenüber Silizium mit vieren. Valenzelektronen nennt man die Elektronen, die für die chemische Bindung von Bedeutung sind. Sie sind im Kristallverband sehr fest gebunden. Das überzählige Valenzelektron des Phosphors findet keinen „Partner", es kann sich leicht von seinem Atom trennen, das nach der Trennung zur positiven Ladung wird. Das freigewordene Elektron kann sich somit frei im Kristall bewegen und trägt zu dessen Leitfähigkeit bei.

Die andere Seite der Siliziumscheibe wird so behandelt, daß eine Schicht entsteht, die relativ zur ersteren über weniger freie Elektronen verfügt, z.B. durch Eingabe von Boratomen mit nur drei Elektronen auf der äußeren Schale. Hier ist nun ein Elektron zu wenig vorhanden für die Bindung der Atome untereinander. In dieses „Loch" kann ein Valenzelektron hineinspringen. Dabei hinterläßt es ein Loch, auch Defektelektron genannt. In Sprüngen wandert es von Atom zu Atom und erscheint dabei wie die Bewegung einer positiven Ladung (Löcherwanderung). Der Kristall wird leitfähig, p-leitend.

Jede Schicht ist für sich gesehen elektrisch neutral, da die jeweilige Elektronenanzahl mit der der Protonen im Atomkern identisch ist.

In der Grenzschicht zwischen p- und n-Kristall treffen freie Löcher auf freie Elektronen, die sich bis zu einer bestimmten Dicke vereinigen. Im n-Bereich bleiben dabei positive Ladungen zurück, umgekehrt im p-Bereich negative Ladungen.

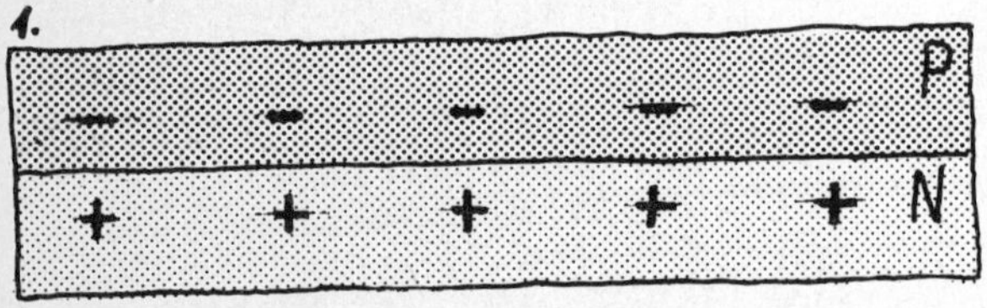

D.h. an der Grenzschicht zwischen den beiden Schichten hat sich eine *innere* elektrische Spannung ausgebildet, die sogenannte Diffusionsspannung. Dies bewirkt bei der *unbeleuchteten* Solarzelle noch gar nichts, außen ist keine Spannung abgreifbar. Durch die *Beleuchtung* der Solarzelle als Aktivierungsenergie entstehen jedoch zusätzliche Ladungsträgerpaare (innerer Photoeffekt). Das vorherige Gleichgewicht ist zerstört. Ein Teil der Elektro-

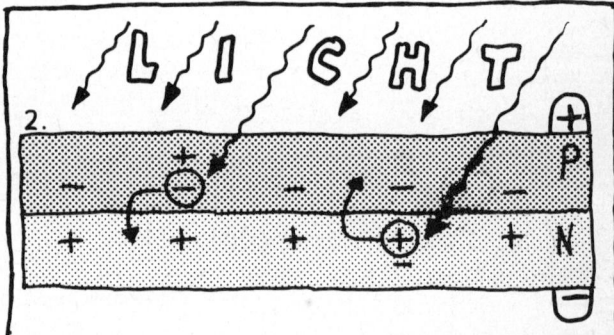

Abb. 8.2: *Unter Einwirkung von Licht entsteht eine äußere Spannung. Der p-n-Übergang ist nur etwa 3 μm von der dem Licht zugewandten Oberfläche entfernt.*

nen wird vom p-Gebiet durch die Diffusionsspannung ins n-Gebiet gezogen, mit den Löchern geschieht das umgekehrte. Das bedeutet, daß negative Ladung von p nach n transportiert wurde und positive von n nach p. Dies hat natürlich seine Grenze. Sie wird dann erreicht, wenn die Spannung durch die nun erzeugte Ladungsverteilung die Diffusionsspannung er-

Abb. 8.1: *p-n-Übergang mit innerer Diffusionsspannung; ohne Licht keine äußere Spannung.*

reicht. Nun liegt eine von außen meßbare Spannung an, die *Leerlaufspannung* der Solarzelle. Sie ist nicht von ihrer Größe (Fläche) abhängig!

Gehen den Solarzellen nicht mal die Elektronen aus?

Dies ist ein weitverbreitetes Mißverständnis. Ähnlich wie in einem Kraftwerk werden auch der Solarzelle im geschlossenen Stromkreis immer wieder die Elektronen nachgeliefert. Die Haltbarkeit wird bei den **monokristallinen** Zellen mit ungefähr dreißig Jahren und mehr angegeben. Die begrenzte Lebensdauer könnte mit einer fortschreitenden Zerstörung der Halbleiterschichten zusammenhängen. Leistungsminderungen sind nach heutigen Erfahrungen meist jedoch durch eine Trübung der Abdeckscheiben hervorgerufen worden.

Welche Typen von Solarzellen gibt es?

Wir wollen hier nicht auf alle Arten eingehen, es gibt sehr viele verschiedene aus verschiedenen Materialien. Hier nur die wichtigsten:

Abb. 8.3: Solarmodul (AEG-Telefunken) mit vielen 5 x 5 cm Solarzellen aus polykristallinem Silizium. Die max. Leistung bei 25 °C beträgt 9,4 Watt, die Leerlaufspannung ist dann 21,7 Volt. Die Außenmaße sind etwa 24 x 56 cm. Die Solarzellen sind zwischen zwei Glasplatten eingekapselt. Das Einzelmodul dient zur Ladung von 12 V Batterien. Mehrere Moduln können beliebig zusammengeschaltet werden.

1. Monokristalline Zellen:

Sie bestehen meist aus Silizium. Sie entstehen aus einem Kristall, der aus der Schmelze gezogen und in Scheiben geschnitten wurde. In einem anderen Verfahren werden sofort dünne Bänder gezogen. Bei monokristallinen Zellen werden in der Fertigung heute Wirkungsgrade von ca. 10–13% erreicht.

2. Polykristalline Zellen:

Sie bestehen z. B. aus kleinen, aneinandergefügten Silizium-Kristallen und entstehen durch Gießen in Blöcke und anschließendem Zersägen in dünne Scheiben. Erreichbarer Wirkungsgrad ca. 10%. Bei einem anderen Verfahren wird das Material auf einem Band in einer dünnen Schicht abgeschieden. Hier werden Wirkungsgrade bis ca. 6% erreicht. Beim Basteln mit polykristallinen Zellen ist etwas Vorsicht geboten, weil sie meist leichter brechen. Auch sind sie bisher kaum billiger als monokristalline.

3. Polykristalline Dünnschicht-Solarzellen:

Sie entstehen durch Aufsprühen oder Aufdampfen auf einen Träger. Dies ist ein billigeres Verfahren als z. B. Gießen in Blöcken und anschließendem Zersägen. Problematisch ist jedoch noch die Lebensdauer wegen Zersetzungserscheinungen durch Sauerstoffeinwirkung. Es wird kein Silizium verwendet, sondern z. B. Cu_2S-CdS. Im Labor wurden Wirkungsgrade bis etwa 9% gemessen. Diese Zellen werden in hermetisch verschlossene Gehäuse eingebaut.

4. Amorphe Solarzellen:

Das Silizium ist hier nicht in Kristallform. Sie entstehen durch Abscheidung von Silizium und Wasserstoff mit Hilfe einer Glimmentladung. Die erreichten Wirkungsgrade liegen zwischen etwa 2,5 bis 5,5%. Amorphe Zellen finden heute Verwendung in Taschenrechnern und Armbanduhren. Auch bei diesen Zellen soll die Haltbarkeit noch Schwierigkeiten machen. In der Herstellung können sie jedoch sehr preiswert sein.

Literatur zu diesem Kapitel: Literaturangaben Nr. 6, 7, 9, 10, 11.

9. Kapitel:

Sonnenenergie, Sonnenbahn und Ausrichtung von Solarzellen

Wer sich mit Solarzellen beschäftigt, sollte zumindest ein wenig über die Strahlung unserer größten Energiequelle – der Sonne – wissen. Dies Kapitel soll uns etwas in die Materie einführen:

Wieviel Sonnenenergie ist vorhanden?

Sonnenenergie ist in Hülle und Fülle vorhanden. Und dies nicht nur in den Wüstengebieten Afrikas, wie viele meinen. Dort trifft nur das doppelte an Sonnenenergie auf als bei uns, jeweils bezogen auf einen Quadratmeter ebene Empfangsfläche und auf die Zeit von einem Jahr. Auf die Fläche der Bundesrepublik Deutschland fällt im Laufe eines schönen Sommertages soviel Energie, wie wir in einem Jahr verbrauchen. Natürlich kann man diese Energie nicht vollständig nutzen, aber es soll an dieser Stelle ja auch nur eine Größenordnung angegeben werden, sodaß man sich diese Energiemengen besser vorstellen kann.

Eine zahlenmäßig exaktere Angabe ist die Anzahl der Sonnenscheinstunden pro Jahr oder auch die Angabe, wieviel Kilowattstunden an Strahlungsenergie auf einen Quadratmeter ebener Empfangsfläche in einem Jahr fallen

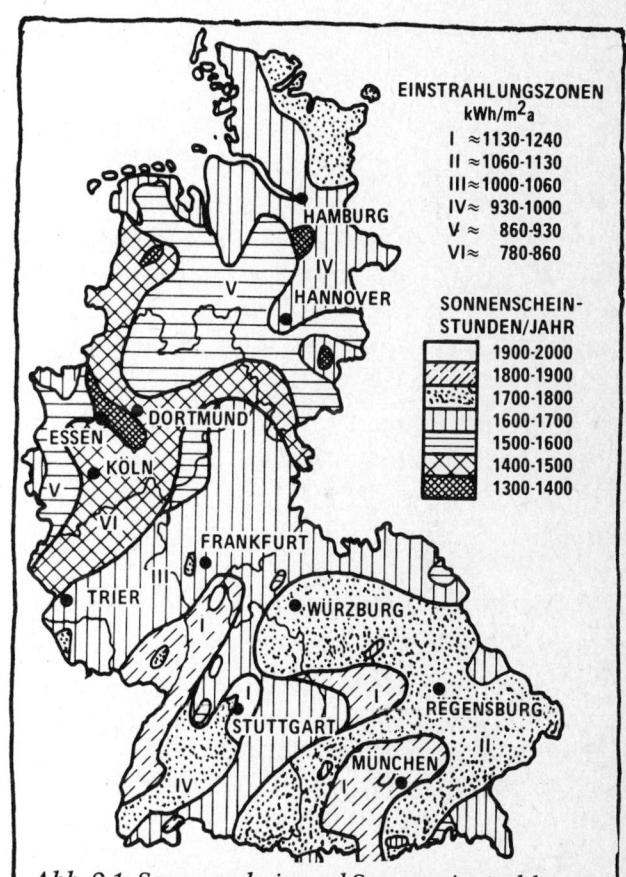

Abb. 9.1: Sonnenschein und Sonneneinstrahlungszonen in der Bundesrepublik. Die Energiemengenangaben beziehen sich auf waagerecht auf dem Boden liegende Flächen. Für geneigte Flächen siehe auch Abb. 9.3. Quelle: BMFT (Hrsg.): Sonnenenergie Bd. 2

Wetter	Strahlungsleistung der Sonne G
Nebel, Regen, stark bewölkt	bis ca. 300 W/m²
bewölkt bis leicht bewölkt	300–600 W/m²
ganz leicht bewölkter bis wolkenloser, ganz klarer Himmel	600–1000 W/m²

Eine Bauanleitung für einen Strahlungsmesser ist in diesem Buch enthalten.

(kWh/m²·x a; mit a = annus, lateinisch das Jahr). Bei uns sind es im Durchschnitt 1000 kWh/m²xa, eine Zahl, die man sich leicht merken kann. Die folgende Sonnenscheinkarte zeigt, daß jedoch auch örtliche Unterschiede bestehen.

Eine andere Zahlenangabe bezieht sich auf die Strahlungs*leistung,* ausgedrückt in Watt pro Quadratmeter (W/m²). Die maximale Strahlungsleistung beträgt in der BRD ca. 1000 W/m² ≙ 100 mW/cm². Die Solarzellenhersteller geben die Leistung ihrer Solarzellen bezogen auf diese Einstrahlung an. Würde die Sonne z. B. fünf Stunden lang mit 1000 Watt/m² *Leistung* scheinen, so hätte man auf einem Quadratmeter die Strahlungs*energie* von 5000 Wattstunden = 5 kWh.

Solch hohe Einstrahlungswerte kommen jedoch relativ selten vor, Strahlungsleistungen bis ca. 900 W/m² sind wesentlich häufiger. Man kann eine grobe Einteilung nach dem Wetter vornehmen:

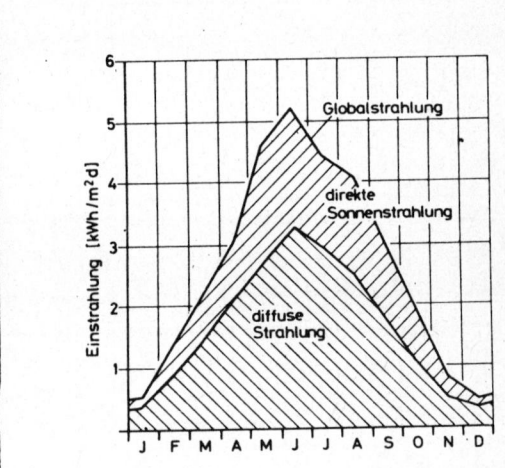

Abb. 9.2: Anteil der direkten und diffusen Strahlung an der Globalstrahlung
Quelle: Wagner: So baue ich meine Solaranlage

Sonnenschein und Helligkeit

Man unterscheidet im wesentlichen zwei Strahlungsarten, nämlich die diffuse Strahlung (Helligkeit) z. B. bei bewölktem Himmel – und die direkte Strahlung (Sonnenschein). Die diffuse Strahlung kommt aus allen Richtungen, während die direkte Strahlung gerichtet ist, sie kommt „direkt von der Sonne". Beide Strahlungsarten tragen etwa zur Hälfte zu den erwähnten durchschnittlichen 1000 kWh/m² x a Sonnenenergie bei. Ihre Summe nennt man Globalstrahlung G. Nun ist es ja leider so, daß im Winter weniger Sonnenenergie da ist als im Sommer, denn die Tage sind im Winter kürzer und die Sonne steht tiefer. Wie groß dieser Unterschied sein kann, zeigt folgender Vergleich: An einem durchschnittlichen Tag im Dezember fällt nur ein zehntel von der Energie auf einen Quadratmeter, die in den Sommermonaten Juni/Juli pro Tag auftrifft (auch hierbei gibt es jedoch wieder örtliche Unterschiede). Außerdem ist der Anteil der diffusen Strahlung im Winter höher als im Sommer. In den südlichen Ländern ist der Anteil der direkten Strahlung (Sonnenschein) höher als bei uns – auch deswegen fahren viele von uns dorthin in Urlaub. Daher muß man sich gerade bei uns bemühen, Sonnenenergiesammler zu bauen, die auch aus diffusem Licht Strom oder Warmwasser machen können.

Solarzellen zur Stromerzeugung

Solarzellen nutzen sowohl den direkten wie auch den diffusen Anteil der Sonnenenergie.

Allerdings wandeln die zur Zeit handelsüblichen Zellen je nach Bauart nur etwa 5–12% der auftreffenden Strahlung in elektrische Energie um. Doch dies ist nicht das entscheidende Hindernis bei der Stromerzeugung, sondern der Preis der Zellen, die immer noch relativ teuer sind, ca. 30–40 DM pro Watt installierte Leistung, Stand Sept. 83. Hier sind vielleicht Entwicklungen zu erwarten, die den Preis erheblich senken könnten, z.B. die Herstellung im Siebdruckverfahren und ähnliches. Bisher sind jedoch kaum Preisunterschiede für verschiedene Zellentypen vorhanden. Bei den Neuentwicklungen, von denen man manchmal in der Zeitung lesen kann, ist der Wirkungsgrad meist etwas kleiner als bei deren herkömmlichen Typen, was aber gegenüber dem Preisvorteil für die meisten Anwendungen nicht schlimm wäre, man müßte dann nur eine größere Fläche mit Solarzellen bestücken. Leider sind solche billigen Zellen unseres Wissens nach zur Zeit nicht im Handel, und genaue Voraussagen über die Preisentwicklung lassen sich natürlich nicht machen. Bei den anderen Energiequellen, die wir nutzen, ist es jedoch so, daß diese immer teurer werden, insbesondere die – sowieso überflüssige (siehe Literaturangabe 1)-Atomenergie. Auch die Kosten der Umweltschädigungen werden bei den konventionellen Kraftwerken nicht mit eingerechnet. Zudem strahlen und rauchen Solarzellen nicht – sicherlich ein Vorteil bei den jetzt sterbenden Wäldern.

Trotzdem würde ich die Solarzellentechnologie nicht unbedingt als „Sanfte Energie" bezeichnen, hauptsächlich deswegen, weil sie jetzt in Großfirmen gefertigt werden (man kann sie nicht selber machen), die zudem oft noch zu den Ölkonzernen wie z.B. Exxon oder Mobil Oil gehören.

Dennoch ist es nötig, sich jetzt mit dieser faszinierenden Möglichkeit der Stromerzeugung zu beschäftigen, zumal ja die Solarzellen der preiswerteste Stromlieferant werden könnten. Allerdings ist es zur Zeit noch sehr teuer, das ganze Haus mit Sonnenstrom zu versorgen. Besonders sparsam gehen wir ja auch nicht gerade mit Strom um, wenn man sich ansieht, wie und wozu heute Strom gebraucht wird:

z. B. für so unsinnige Sachen wie die elektrische (Nachtspeicher-) Heizung, elektrische Warmwasserbereitung, elektrische Wäschetrockner – statt wie früher Wäsche auf der Leine zu trocknen (= passive Sonnenenergienutzung). Oder für so verschwenderische Geräte wie die schlecht wärmeisolierten Kühlschränke, Herde und Waschmaschinen. (Einsparungsmöglichkeiten siehe Literaturangaben 1 u. 2).

Was heute jedoch schon möglich ist, ist die Beschäftigung mit dem Sonnenstrom auf Spielzeugebene, allerdings auch für so nützliche Anwendungen wie Laden von Kleinakkus für Taschenlampen, Kassettenrekorder, Radios, die Versorgung von Schrebergärten oder Campingwagen, abgelegenen Häusern und ähnlichem. Ja sogar Notstromaggregate mit Solarzellen gibt es schon. Die Versorgung normaler Wohnhäuser mit Solarstrom setzt zur Zeit noch eine relativ dicke Brieftasche, aber vor allem einen sparsamen, bewußten Stromverbrauch voraus. Doch nun zurück „zur Sonne":

Sonnenstand und Ausrichtung der Solarzellen:

Die meiste Sonnenenergie könnte genutzt werden, wenn die Sonne immer senkrecht auf die Solarzellen scheinen würde. Allerdings wandert die Sonne ja bekannterweise im Verlauf des Tages von Osten nach Westen über den Himmel, außerdem ändert sich ihre Höhe über dem Horizont im Laufe des Tages, die ganze Sonnenbahn ändert sich im Laufe eines Jahres. Eine dauernde Ausrichtung der Solarzellen nach der Sonne würde die größte Energieausbeute bringen. (siehe auch in Kap. I, Ausrichtung nach dem Sonnenstand).

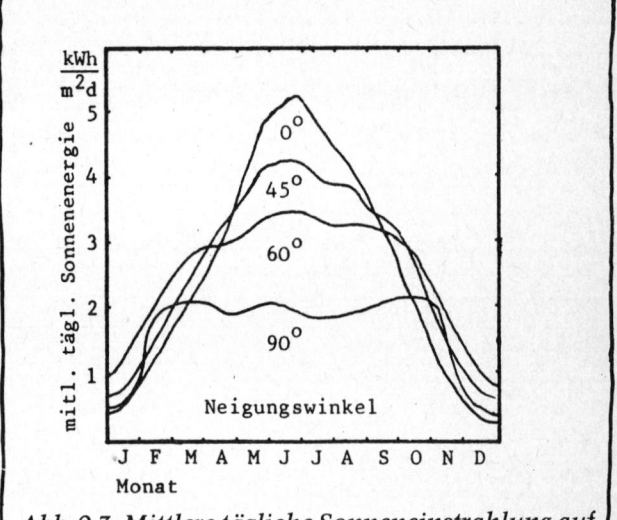

Abb. 9.3: Mittlere tägliche Sonneneinstrahlung auf nach Süden gerichtete Dächer mit unterschiedlicher Neigung. Quelle: Wagner: So baue ich meine Solaranlage

Das spielt für Solarmodelle kaum eine Rolle, da es hierbei ja nicht auf eine optimale Nutzung der Energie ankommt, sondern mehr auf den Spaß dabei. Bei Ladegeräten und größeren Anlagen wird man sich jedoch bemühen, den größtmöglichen Energieertrag zu bekommen. Bei kleineren Geräten wird man fest aufgestellte bevorzugen, weil eine Nachführeinrichtung dafür zu teuer käme. Bei fest aufgestellten Solarzellen ist die Ausrichtung nach Süden (mit dem Kompaß) in den meisten Fällen die beste.

Was den Neigungswinkel betrifft, so richtet sich die günstigste Ausrichtung 1. nach dem Aufstellungsort (genauer gesagt der geografischen Breite des Ortes, die Bundesrepublik liegt etwa zwischen 47,5° (Süden) und 55° (Norden) nördlicher Breite und 2. nach dem geplanten Nutzungszeitraum.

Nur bei größeren Anlagen (Solargeneratoren mindestens ab 1000,- DM) lohnt sich evtl. eine Nachführeinrichtung, die dann einen etwa 2– 3fachen Energiegewinn gegenüber nicht nachgeführten Anlagen bringt. In der Praxis hat sich gezeigt, daß eine Nachführung in zwei Achsen (Sonnenhöhe und Himmelsrichtung) doch sehr aufwendig ist. Man begnügt sich daher oft mit der Nachführung nach der Himmelrichtung, zumal ja die Sonnenhöhennachführung im Wechsel der Jahreszeiten relativ einfach von Hand einige Male im Jahr durchgeführt werden kann.

Himmelsrichtung:	Neigungswinkel α: Nutzungszeitraum	Winkel α	Beispiel Frankfurt/M. 50° nördl. Breite
Die Abweichung aus der Südrichtung von ± 30° bringt einen Verlust von ca. 10%	April–September Oktober–März das ganze Jahr	geogr. Breite − 15° geogr. Breite + 15° geogr. Breite ± 0°	35° 65° 50°
Empfehlenswerte Ausrichtung der Solarzellen (größter Energiegewinn ohne Nachführung).			

Tabelle 9.1

Hier die Werkstatt eines langjährigen Solarzellen-„Bastlers" (G. Brandt).

10. Kapitel

Brauchen Solarzellen für die Herstellung mehr Energie als sie hinterher liefern?

Eine immer noch weitverbreitete Ansicht ist, daß Solarzellen in der Herstellung mehr Energie verbrauchen, als sie dann im Betrieb liefern. Dies ist gar nicht so absurd, schaut man sich den Herstellungsprozeß an, in dem das Silizium z. B. geschmolzen werden muß usw.

Trotzdem stimmt diese Ansicht wohl nur für manche Anwendungsfälle und insbesondere für Solarzellen in der Entwicklung.

Ein gutes Gegenbeispiel ist eine Fabrik für Solarzellen. Sie steht in Frederick, Maryland in der Nähe von Washington, der Hauptstadt der USA. Sie ist die erste Fabrik für Solarzellen, die ihren Energiebedarf mit Hilfe von Solarzellen deckt.

Daher schnitt bei der Einweihung am 29. Oktober 1982 Dr. Lindmeyer von der Fa. Solarex symbolisch ein Freileitungs-Stromkabel durch statt eines sonst üblichen Papierbandes.

Die 200 kW Anlage besteht aus mehr als 3000 Solarzellen-Modulen, jedes Modul mit 72 semikristallinen Zellen bestückt. Das Solarzellendach liefert täglich etwa 800 kWh.

Mit dieser Energie und angeliefertem Sand sollen pro Jahr Solarzellen mit einer Leistung von 2000 kW produziert werden, also etwa zehn mal soviel, wie dort selbst installiert sind. Daher der Name *Brüter*. Dabei versorgt das Solarzellendach sogar noch die Außenbeleuchtung der Fabrik und der Parkplätze.

Sicher ist diese Anlage noch nicht wirtschaftlich, doch wenn man sich ansieht, wieviel Geld bisher in das Pleiteprojekt Schneller Brüter in Kalkar investiert wurde, von dem keiner weiß, ob er jemals wirklich brüten wird und der zudem noch ganz erhebliche Strahlenrisiken erzeugt, so scheint der Solarbrüter doch in eine richtigere Richtung zu gehen.

Der solare Brüter ist die erste große Fabrik, die ihren Energiebedarf vollständig mit Sonnenenergie deckt.

Zur Energieregelung dient ein 200 kW Gleichstromwandler mit elektronischer Einstellung des Punktes maximaler Energie. Für etwa 30% der Stromverbraucher wird der Gleichstrom in Wechselstrom umgewandelt. Die Energiespeicherung wird durch 480 Bleibatterien erreicht mit einer Speicherkapazität von 2500 kWh, die Energie für vier sonnenlose Arbeitstage liefern können. Das Energiesystem wird durch einen Computer überwacht. Die bei der Produktion entstehende Wärme wird zurückgewonnen.

Die „Energie-Einspielzeit" von Solarzellen wird heute mit weniger als drei Jahren angegeben.

Großprojekt in der Wüste?

Manchem wird hier die gigantisch anmutenden Pläne einiger Wissenschaftler, Techniker und Politiker einfallen, die am liebsten die ganzen Wüstengebiete der Erde mit Solarzellen zupflastern würden. Dann die Energie in Form von Wasserstoff z. B. nach Westeuropa transportieren. Ich meine, dies würde außer zu wahrscheinlichen Klimaveränderungen auch zu einer weitgehenden Abhängigkeit von Energie-Monopolen führen, die unserer Abhängigkeit von den Erdölmonopolen in nichts nachsteht. Dabei bietet uns die Sonnenenergie gerade eine Chance, unabhängiger zu werden.

Sonnenenergie ist eine Energiequelle, die – in zwar unterschiedlicher Stärke – über die *ganze Erde* verteilt ist. Hierbei denke ich nicht nur an Sonnenstrahlung, sondern auch an Windenergie, Biogas, Wasserkraft und andere Energiequellen, die auch eine Form der Sonnenenergie darstellen.

Wir sollten die Sonnenenergie dort nutzen, wo Energie gebraucht wird.
Lernen wir, mit der Sonnenenergie zu leben.

Abb. 10.1: Der „Solare Brüter" von Solarex. Die Solarzellenfabrik wird ausschließlich mit Sonnenstrom versorgt und soll im Jahr Solarzellen mit einer Gesamtleistung von 2000 kW „erbrüten".
Photo: Solarex

Energie- und Umweltzentrum

Im Interesse der Erhaltung und Verbesserung unserer Lebensbedingungen haben wir uns zusammengetan.

Zunächst im Rahmen der *„Arbeitsgemeinschaft Sanfte Energie"*, später dann im Rahmen des *„Energie- und Umweltzentrums"*, wo wir heute mit zehn Erwachsenen und sechs Kindern gemeinsam leben und arbeiten. Ein Schwerpunkt unserer Arbeit ist nach wie vor immer noch der Energiebereich, obwohl auch die Beschäftigung mit anderen Themen wie der biologische Garten, die Wasserproblematik, der saure Regen und andere Umweltprobleme dazugekommen ist. In unserer Bildungsstätte, die nach und nach auf umweltfreundliche Energiequellen umgerüstet wird, veranstalten wir Seminare und Bildungsurlaube zu den oben genannten Themen. Ein Programm bei Interesse bitte anfordern. Außerdem vertreiben wir Bücher in unserer Versandbuchhandlung und umweltfreundliche Produkte, von Sonnenkollektoranlagen für den Selbstbau und Solarzellen über Holzbehandlungsmitteln aus Naturprodukten bis hin zu natürlichen Wärmedämmaterialien und Wassersparern. In unserem Ingenieurbüro machen wir Energieberatung und -

planung, auch Planung von Biogasanlagen und kleineren Kläranlagen mit naturnahen Klärverfahren.

Außerdem zeigen wir jedes Jahr unsere Wanderausstellung: *„Es geht auch anders – eine Ausstellung über Energiealternativen"* in mehreren Städten. Im Rahmen dieser Ausstellung finden unter vielem anderen auch einige der hier in diesem Buch abgebildeten Modelle immer wieder ihr Interesse.

Literaturverzeichnis:

Möglichkeiten und Grenzen alternativer Energieversorgung:
① **Energie- und Umweltzentrum (Hrsg.): Es geht auch anders – ein Katalog über Energie-Alternativen.**
  Das Buch gibt einen guten Überblick über die Struktur der heutigen Energieversorgung, die Gefahren der Atomenergie und Alternativen dazu. Mit vielen Bildern und Zeichnungen. DIN A 4, 110 S., Springe 1981, DM 12.80.
② **F. Krause, H. Bossel, K. F. Müller-Reißmann: Energiewende; Wachstum und Wohlstand ohne Erdöl und Uran.**
  Dies schon berühmt gewordene Buch zeigt den Weg in eine (Energie-) Zukunft, die möglich ist, jedoch von den momentanen Vorstellungen der Politiker abweicht, 236 S., Frankfurt 1980, DM 19.80.
③ **B. Ruske, D. Teufel: Das Sanfte Energiehandbuch:**
  Eine leicht verständliche Einführung in die Thematik der Energieversorgung und Alternativenergie, auch gut als Nachschlagwerk zu benutzen. 221 S., Reinbeck 1981 (überarb. Aufl.); DM 7.80.

Sonnenenergie allgemein
④ **Arbeitsgemeinschaft Sanfte Energie: Energie Selbstgemacht; Sonnenenergie, Windkraft, Biogas:**
  Ein Buch für alle, die einen praktischen Einstieg in die Beschäftigung mit alternativen Energiequellen suchen. Mit Bauanleitungen und vielen Bildern. 176 S., 6. Aufl., Springe 1982, DM 8.–.
⑤ **T. Rotarius: Dauerhafte Energiequellen:**
  Eine Einführung in die Nutzung von Sonnen-, Wind-, Wasser-, Bioenergie und Energiesparen. Jeweils mit ausführlichem Produktverzeichnis, Herstellern bzw. Lieferanten. Jedes Jahr aktualisiert. 216 S., Cölbe 10. Aufl. 1982, DM 8.50.

Solarzellen
⑥ **BUND (Hrsg.): Strom von der Sonne:**
  Eine hervorragende Einführung in die Theorie und Praxis der Solarzellen. Das Buch enthält eine Menge von Informationen mit vielen Kennlinien und Schaltungsbeispielen, viele Bilder. 80 S., Freiburg 3. überarb. Aufl. 1980, DM 5.–.
⑦ **C. C. Cobarg: Sonnenkraft für jedermann, Basiswissen, Daten, Praxis:**
  Von einem Sachkundigen geschriebenes Grundlagenbuch über Theorie und Praxis der Solarzellen. Mit vielen Bildern, Tabellen, Schaltplänen und Bauvorschlägen. Trotz seines Preises ein empfehlenswertes Buch. 192 S., Stuttgart 3. erw. Aufl. 1981, DM 19.80.
⑧ **Atec: Solarzellen – Praxis:**
  Aufbau, Eigenschaften, nutzbares Energiespektrum, Bauformen, Montage, Schaltungen, Dimensionierung. 40 S. A 4, München 4. erw. Aufl. 1983, DM 8,50.
⑨ **Bürger Information Neue Energietechniken (BINE): Informationspaket Photovoltaik:**
  Einführung und Erfahrungsberichte von größeren Anwendungen, Stand der Forschung, 220 S. A 4, Karlsruhe 1983, DM 15.–.
⑩ **H. K. Köthe: Praxis solar- und windelektrischer Energieversorgung:**
  Ein umfassendes Grundlagenwerk für den Ingenieur, der sich mit der Planung von größeren Anlagen beschäftigt. Gute Beschreibung von Sonnenenergiewandlern, Akkueigenschaften und die Möglichkeiten ihrer Kopplung. 306 S., Düsseldorf 1982, ca. DM 107.–.

⑩ **Deutsche Sektion der International Solar Energy Society (ISES): Statusbericht Sonnenenergie Band II:**

Auf Ingenieurniveau werden neuere Forschungsarbeiten an Solarzellen beschrieben. Auch enthält es Beiträge über Projektierung und Erfahrungen mit größeren Anlagen hauptsächlich in 3. Welt Ländern, ca. 300 S. (von insges. 560 S.), Düsseldorf 1980, Bd. 1 u. 2 zus. ca. DM 65.–.

⑫ **Zeitschriften,** die unter anderem auch regelmäßig über Solarzellen berichten:

– **Sonnenenergie – und Wärmepumpe,** erscheint 6 mal im Jahr, Einzelheft z. Zt. DM 9.–.

Hier werden neue Projekte und auch manchmal Grundlagen vorgestellt. Die Hefte haben Themenschwerpunkte. Erscheinungsort: Ebersberg und Bielefeld

– **Sonnenenergie;** Hrsg.: Deutsche Gesellschaft für Sonnenenergie, erscheint 6 mal im Jahr., Einzelheft ca. DM 7.50. Die Hefte berichten über aktuelle Entwicklungen auf dem Gebiet der Solartechnik.

Müll und Recycling:

⑬ **Verbraucherzentrale NRW: Giftdepot Mülleimer:**

Ein informatives Heft nicht nur zum Umgang mit alten Batterien; 78 S., Düsseldorf 1982; DM 2,50.

Die vorgenannten und noch viele andere Bücher über Theorie und Praxis der Sonnenenergienutzung, Sonnenkollektoren, Solargewächshäuser, Wind, Biogas usw. bis hin zu Garten und Ernährung können Sie beziehen durch unsere Versandbuchhandlung:

Sanfte Energie Versandbuchhandlung; Energie- und Umweltzentrum; 3257 Springe 3.

Bitte fordern Sie unsere kostenlose Buchliste an.

Bezugsquellen:

Diese Auflistung erhebt keinen Anspruch auf Vollständigkeit.

Solarzellen, Solargeneratoren und Zubehör:

Örtlich:

Sanfte Energie GmbH./Energie- und Umweltzentrum/3257 Springe 3
Energieladen Kassel/Zentgrafenstr. 146/3500 Kassel
Energieladen Köln/Schloßstr. 41/5000 Köln 81
Energiesparladen Nürnberg/Gartenstr. 2/8500 Nürnberg 70

auch Versand:

Wagner und Co./Afföllerstr. 30/3550 Marburg (Einzelteile und größere Anlagen, auch Großhandel)
Solarbau Clenze/Bahnhofstr. 24/3134 Bergen/Dumme (nur größere Anlagen)
BUND, Bund für Umwelt und Naturschutz/Erbprinzenstr. 18/7800 Freiburg (Einzelhandel)
Uhlmann Ing. Büro/Altdorfstr. 19/7830 Emmendingen 14 (Groß- und Einzelhandel)
Atec-Electronic GmbH/Seestr. 111/8913 Schondorf-Ammersee (Großhandel; Paneele auch an Einzelkunden)

Elektronik-Zubehör:

beim örtlichen Elektronik-Fachhandel oder beim Versandhandel:
Völkner Elektronik GmbH./Marienbergerstr./Postfach 5320/3300 Braunschweig
DEV-Pein/Kirchfeldstr. 48/4000 Düsseldorf

Motore

F. Faulhaber GmbH/Postfach 46/7036 Schönaich 1 (Hersteller von Motoren)

Bildungs- urlaube Seminare

1983
vorwiegend
1. Halbjahr

Energie- und Umweltzentrum
am Deister e.V.

Themen

- ★ Energieeinsparung
- ★ Alternativenegie
- ★ Ernährung
- ★ Ökologischer Gartenbau
- ★ Wasser
- ★ Chemie und Umwelt
- ★ Alltagsökologie
- ★ Technologieentwicklung
- ★ Zukunftswerkstatt
- ★ Baubiologie
- ★ Kräuter und Heilpflanzen
- ★ Wolle färben mit Pflanzen

Kurse für Selbstbauinteressierte

- ★ Sonnenkollektoren
- ★ Kachelofenbau
- ★ Anlehngewächshäuser
- ★ Wintergärten
- ★ Heizungsanlagen
- ★ Fahrrad instand setzung
- ★ Regenwassernutzung
- ★ Wärmedämmung
- ★ Kleine Wasserkraftwerke
- ★ Biogasanlagen

Detailliertes Programm anfordern bei:
Energie-u.Umweltzentrum Am Elmschenbruch 3257 Springe 3
(Briefmarken für Rückporto beilegen!)

Sach & Fachbücher
zur umweltfreundlichen Technik

Peter Weissenfeld

Holzschutz ohne Gift ?

Holzschutz und Holzoberflächenbehandlung in der Praxis mit vielen Anleitungen und Rezepten für alle, die in Haus und Hof selbst zum Pinsel greifen.
141 Seiten, DIN A5, überarbeitete Neuaufl. 1985 14,80 DM

Siegfried Scheer

Stromsparen beim Waschen

Anleitungen und Tips für den Anschluß von Wasch- und Geschirrspülmaschine an die häusliche Warmwasserversorgung, um teuren Strom einzusparen. Jetzt kann z.B. auch Wärme von der Sonne für den Betrieb von Wasch- und Geschirrspülmaschine nutzbar gemacht werden.
64 Seiten m.vielen Abb., DIN A5, 1983   7,80 DM

Claudia Lorenz-Ladener

Solargewächshäuser

- Theorie und Praxis der passiven Sonnenenergienutzung
- Ein leicht verständliches Handbuch über die Möglichkeiten der passiven Sonnenenergienutzung, über die Dimensionierung solcher Systeme, über Planung, Konstruktion und Selbstbau von Gewächshäusern und Sonnenräumen als dem wohl vielseitigsten, passiven Solarsystem.
180 Seiten m. vielen Abb., 21 x 20 cm, 1982   19,80 DM

Cl.Lorenz-Ladener, H.Ladener

Baupläne für ein Solargewächshaus

Eine ausführliche Anleitung für den Selbstbau eines Solargewächshauses, freistehend oder als Anlehngewächshaus, mit vielen detaillierten Konstruktionszeichnungen Materialliste und Lieferhinweisen.
60 Seiten m.vielen Abb., DIN A4 + 1 Faltplan A2
1982   18,80 DM

Cl.Lorenz-Ladener, H.Ladener

Solaranlagen im Selbstbau

Das Buch zeigt, wie Sonnenkollektoren heute geplant, dimensioniert und gebaut werden und vermittelt die Erfahrungen von 10 Jahren Solartechnik in Deutschland.
Völlig überarbeitete und erweiterte Neuauflage 1985, 156 Seiten mit vielen Abb. 21 x 20 cm   22,00 DM

Wolfgang Martin, Gunter Geller

Biologische Abwasserreinigung im Haus

Selbstbauanleitungen für Komposttoilette, Grauwasserreinigung im Gewächshaus und Abwasserreinigung durch Pflanzenbeete; nach einer kurzen Darstellung der Abwasserproblematik wird in 3 Anleitungen beschrieben, wie einfache Systeme zur Abwasserreinigung im häuslichen Bereich selbst gebaut werden können.
68 S.m.v.Abb. + 3 Faltpläne, 21 x 20 cm 1984   14,80 DM

Gernot Minke

Alternatives Bauen

Ein Buch über das experimentelle Bauen mit unkonventionellen Baumaterialien: Lehm, Sand, Abfallmaterialien u.v.m... Vorsicht: diese Versuche passen nur schwer in die bundesdeutsche Normenlandschaft!
104 Seiten, 200 Abb., DIN A4, 1980   19,80 DM

Wolfgang Bredow

Regenwasser-Sammelanlage

Eine leicht verständliche Anleitung für den Selbstbau von verschiedenen Regenwasser-Sammelanlagen, ihre Anwendung im Haus und ihr Nutzen zur Einsparung wertvollen Trinkwassers. Überarbeitete und erweiterte Neuaufl. 198
126 Seiten mit vielen Abb., DIN A5   14,80 DM

Bücher zu aktuellen Themen...

Albert Betz

Windenergie und ihre Nutzung durch Windmühlen

Nachdruck des Originalwerks aus dem Jahre 1926: dieser
Klassiker der Aerodynamik und Windmühlen beschreibt
verständlich die Grundlagen der Windenergienutzung und
zeigt, wie Flügel für Langsam- und Schnelläufer berech-
net werden.
64 Seiten m.vielen Abb.; DIN A5   8,50 DM

Richard Niemeyer

Der Lehmbau und seine praktische Anwendung

Nachdruck des Originalwerks aus dem Jahre 1946; hier
werden alle bekannten Techniken, den lehm beim Hausbau zu verwenden, ausführlich und anschaulich darge-
stellt. Der Nachdruck soll dem gestiegenen Interesse an
diesem natürlichen Baustoff gerecht werden.
157 Seiten m.vielen Abb., DIN A5   14,80 DM

J.Stampa, E.Lerche, W.Bredow

Wind: Strom für das Haus

-eine Bauanleitung mit vollständigem Zeichnungssatz.
Hier wird der preiswerte und leichte Nachbau einer
Windkraftanlage (Rotor Ø: 2,2 m) beschrieben, durch die
mittels einer Autolichtmaschine 200-400 Watt elektrische
Leistung erzeugt werden kann - genug, um kleinere Verbraucher unabhängig mit Strom zu versorgen.
80 Seiten m.vielen Abb., DIN A4, 1983   18,80 DM

Heinz Ladener

Kleinwindkraftanlagen

zur Stromerzeugung: ein Erfahrungsbericht vom Test einer 200 Watt Windkraftanlage zur Stromerzeugung für
Kleinverbraucher.
48 Seiten m.vielen Abb. DIN A5, 1980   5,00 DM

Holger König

Wege zum Gesunden Bauen

Hier zeigt der Autor umfassend und praxisnah die Schritte
zum gesunden Hausbau: richtige Auswahl der Baustoffe,
geeignete Baukonstruktionen mit Eigenschaften und An-
wendungsbereichen, Beispiele ausgeführter Häuser, Bau-
normen und Bauphysik, Preise und Bezugsquellen.
Ein Handbuch für Bauherren, Selbstbauer, Architekten
und Handwerker, das die theoretischen und praktischen
Aspekte der Baubiologie anschaulich miteinander verbindet.
192 S., 20 x21 cm, mit vielen Abb., 1985   26,80 DM

Gernot Minke, Hrsg.

Bauen mit Lehm

Aktuelle Berichte aus Praxis und Forschung
Heft 1: Der Baustoff Lehm und seine Anwendung
Heft 2: Stampflehmbau
Heft 3: Lehm im Fachwerkbau
Heft 4: Naßlehmverfahren (April '86)
jeweils 84 S., 20 x 21 cm, viele Abb.   je 14,80 DM

1) Eigene **KLÄRANLAGE** mit Pflanzenklärstufe ("Wurzelraumentsorgung")

2) **SONNENKOLLEKTOR-VERGLEICHSTEST**

3) **MESSTATION WIND**

4) **GRASDACH-TEST** und **WÄRMEDÄMMUNG VON FACHWERK-WÄNDEN** im Bau

5) Testfeld **BIOLOGISCHER HOLZSCHUTZ** im Außenbereich

6) **SONNENKOLLEKTORANLAGE** z.Zt. 20 m² Selbstbau- und industrielle Solarabsorber im Langzeitvergleichstest; versorgt das Gästehaus mit warmem Brauchwasser

7) **MESSTATION SOLAR**

8) Demonstrationsanlage **EINBAU VON SONNENKOLLEKTOREN INS DACH**

9) Sattelschlepper der **WANDERAUSSTELLUNG** über Energiealternativen und ökologisches Bauen

10) **INFORMATIONSPAVILLION**

11) Demonstrationsaufbau **DACHDÄMMUNG**

12) Demonstrationsaufbauten zur **WÄRMEDÄMMUNG VON AUSSENWÄNDEN**

13) **WERKSTATT** (Holz, Metall, Glas) für Eigenbedarf und Selbstbaukurse

14) **AUSSTELLUNG** "Es geht auch anders" zu Energie- und Bauthemen

15) **REGENWASSERSAMMELANLAGE** zur WC-Spülung im Gästehaus

16) **GÄSTEHAUS** mit 16 bis 28 Betten

17) **AUSBAU DES DACHBODENS** mit umweltfreundlichen Baumaterialien

18) **GROSSE SOLARANLAGE** (54 m², 3 Wärmespeicher) zur Brauchwassererwärmung und Heizungsunterstützung im Haupthaus

19) **PASSIVE SOLARNUTZUNG** durch Wintergarten und Südfenster

20) Testfeld **FENSTERSANIERUNG** Erprobung von Selbstbau-Doppelverglasung durch versch. Vorsatzfenstersysteme. Vergleich umweltfreundlicher Holzschutzanstriche innen und außen

21) Kleine **SOLARZELLEN-DEMONSTRATIONSANLAGE** mit Sonnennachführung

22) **GASTANK** zur Versorgung von Küchenherden und der geplanten Wärme-Kraft-Kopplungsanlage

23) **BRUNNEN** für zweites Wassernetz im Haupthaus (Toilettenspülung, Waschmaschine, Gartenbewässerung)

24) **SOLARGEWÄCHSHAUS** mit Folienverglasung

25) Gartengeräteschuppen, Stall und Auslauf fürs Federvieh

26) Schafstall und -weide

27) Kleine Anfänge eines biologischen Kräuter-, Gemüse- und Obstgartens zur Selbstversorgung von Bewohnern und Gästen

28) **FEUCHTBIOTOP** (Tümpel) angelegt durch Umgestaltung einer wilden Mülldeponie

INNEN IM HAUPTHAUS:

* Seminarräume

* Tagungshausküche

* Bibliothek

* Büros von Verein, Verlag und Buchversand

* Ingenieurbüro

* Verkauf von umweltfreundlichen und energiesparenden Produkten

* weitere Gästezimmer und Wohnungen von Mitarbeitern

* **GEPLANT:** Umbau der Heizungsanlage auf ein multivalentes System (Wärme-Kraft-Kopplungsanlage u.a.)

* Wand- und Fußbodenanstriche mit biologischen Farben

* Wasserspartechniken für WC-Spülung

* (Solar-)Warmwasseranschluß für Waschmaschinen

REDUZIERUNG DES ENERGIEVERBRAUCHS BISHER UM MEHR ALS 50 %. EINER DER ZWEI ÖLHEIZUNGSBRENNER (95 KW) KÖNNTE STILLGELEGT WERDEN.

BISHERIGE ENERGIESPARMASSNAHMEN:

* Einbau von umweltfreundlichem Dämmaterial (z.T. schwedischer Baustandard, k-Wert unter 0,2 W/m²K)

* 40 m² Fenster 3-fach verglast mit selbst gebauten Kastenfenstern, alle übrigen Fenster mit nachträglicher Doppel-, 3-fach- bzw. Spezialverglasung

* Heizkörpernischendämmung mit Kork und Reflektionsfolie

* Verbesserung der Heizkörperanordnung, Heizungsregelung und -dimensionierung

* Demonstrationsaufbau Innendämmung

Energie- und Umweltzentrum am Deister

Am Elmschenbruch, 3257 Springe-Eldagsen

Jeden ersten Samstag im Monat:
TAG DER OFFENEN TÜR
Führungen: 11 und 14 Uhr